JN234090

水をはぐくむ

21世紀の水環境

大槻 均・澤井健二・菅原正孝 編著

技報堂出版

執筆者名簿（五十音順・太字は執筆箇所）

編　者　　大　槻　　　均（財団法人琵琶湖・淀川水質保全機構）
　　　　　澤　井　健　二（摂南大学）
　　　　　菅　原　正　孝（大阪産業大学）

執筆者　　足　立　考　之（株式会社建設技術研究所　**3.1, 3.2, 3.3**）
　　　　　石　川　宗　孝（大阪工業大学　**4.4**）
　　　　　大　槻　　　均（前掲　**1.2, 1.3, 2.2, 2.3, おわりに**）
　　　　　笠　原　伸　介（大阪工業大学　**4.3**）
　　　　　加治木　博　明（パシフィックコンサルタンツ株式会社　**4.5**）
　　　　　金　光　泰　秀（株式会社建設技術研究所　**4.7**）
　　　　　昆　　　久　雄（日本上下水道設計株式会社　**4.6**）
　　　　　澤　井　健　二（前掲　**2.4, 4.8, おわりに**）
　　　　　菅　原　正　孝（前掲　**序文, 1.1, 4.1**）
　　　　　西　田　一　雄（株式会社地域環境システム研究所　**2.1, 3.4**）
　　　　　山　本　正　視（大阪府水道部　**4.2**）

序　文

　20世紀最後の10年間に，編著者として何回か水環境に関する図書を刊行する機会に恵まれた．いずれも技報堂出版㈱が版元で，『都市の水環境の創造』，『都市の水環境の新展開』，『持続可能な水環境政策』，そして今回の『水をはぐくむ』の計4冊である．

　見ていただければおわかりのように，最初の3冊は，タイトルに「水環境」というキーワードが入っているのに今回のものには入れていない．これには理由があって，あえて使わないでおくことにしたのである．

　この10年間，水環境を何とか良くしたいというわれわれの想いに変わりはなく，また実際，改善事業も年々盛んに実施されてもきたのだが，そうであっても水環境が目に見えて良くなったという事例をほとんど聞いていないという事実は，これもまた変わらない．

　われわれは，想うように改善されない水環境についての処理や対策に心を奪われるあまり，水も人と同様，自然の懐に育まれているものだというごく当たり前のことを思想として認識する術を失っていたのではないだろうか．同じことは，土，動物，植物，大気など生態系を構成するすべてについていえる．もの皆深い脈絡で繋がり，それを断てば，自身が本来あるべき姿を保つことができないのは確かである．アメニティとは，本来，あるべきところにあるべきものがある，というほどの意味である．だとすれば，水に限らずすべてのものがそうした本来の状態にあることが最も重要なことではないか．もう一度こうした視点から，環境という全体の枠組みの中で，水をとらえることを試みる必要がある．

　こうしたことを考えて，あえて既成の概念の中に取り込まれた感のある「水環境」という言葉をできるだけ意識しないでおこう，そして，結果として水環境の改善がなされたということになればそれに越したことはない，と決めた．水環境を直接処理的な対応によってよりも間接的に改善していく対策をハード面からもソフト面からも充実していくことこそがわれわれに残された道ではないだろうか．

序　文

　すなわち，自然界における水や物質や生き物の動きの中で，一見すると迂回路のように，また無駄のように見える部分があるが，こうした事柄を大切に維持していくことの重要性を強調したい．たとえば，降った雨が地中に浸透して時間をかけて再び地表面に現れるということはよく知られている．この間には，土，動物，植物などがさまざまな段階で関与している．その浸透していく流れある一方で，地表面を急流のごとく速く流れていく降雨もある．両方の流れは，それぞれが果たす機能や役割の面で有用であり，ともに必要である．表面の流れはできるだけ減らして必要最小限にし，時間はかかるが地下へと浸透していく流れを増やし，その比率を高めることで何かが変わるということを試みたい．

　いま述べたのは一事例である．効率的で目的的な単一の手法に拠るのではなく，選択肢を増やし，多様化を図ることが困難な環境問題に立ち向かう方法であり，そうして考えてみれば，いまこそ迂回路をとるべき時ではないだろうか．そのヒントを本書の中から見出していただければ，これ以上の喜びはない．

2000年11月夜半，富士の麓にて雨の音を聞きながら記す

編著者を代表して　菅原正孝

目　　次

第1章　20世紀末の潮流と動向　1

1.1　水環境をめぐる潮流と課題 …………………………………………… 2
- 1.1.1　水環境の変遷　2
- 1.1.2　水管理における総合性　3
- 1.1.3　システムの再編成と技術的課題　7
- 1.1.4　行政および法律上の課題　9

1.2　水環境・水循環政策の動向と新たな展開 ………………………… 10
- 1.2.1　水源涵養　10
- 1.2.2　水資源の確保　11
- 1.2.3　水の利用　14
- 1.2.4　河川，湖沼，地下水などの水質保全　16
- 1.2.5　自然環境の変化と保全対策　19

1.3　水環境技術の到達点 …………………………………………………… 21
- 1.3.1　水の循環利用　21
- 1.3.2　水資源の確保　22
- 1.3.3　水の利用　23
- 1.3.4　水質の保全　26
- 1.3.5　自然環境と景観の保全　34

文　　献　36

第2章　21世紀の水環境のあり方　37

2.1　新しい水環境創造のあり方 …………………………………………… 38
- 2.1.1　地球サミット後の社会システムの方向　38
- 2.1.2　量的，質的制御と自然の浄化機能　42
- 2.1.3　水環境創造の制御と管理　45

目次

- 2.2 量的，質的制御からの技術的展望 …………………………… 49
  - 2.2.1 水量制御のあり方　49
  - 2.2.2 水環境制御のあり方　52
  - 2.2.3 量と質の総合制御に向けて　57
- 2.3 生態系と共生する水環境整備の方向 …………………………… 59
  - 2.3.1 水環境整備における生態系と共生の必要性　59
  - 2.3.2 水環境における生態系の保全　60
  - 2.3.3 生態系の保全と創造の方法　62
  - 2.3.4 水環境における生態系との共生規範　65
- 2.4 水環境改善への住民参加 ………………………………………… 66
  - 2.4.1 住民参加の必要性　67
  - 2.4.2 住民参加の手法と事例　68
  - 2.4.3 住民参加の問題点　70
  - 2.4.4 より良い住民参加のあり方　71
- 文献　73

第3章　水環境と地域システムの新しい枠組み　75

- 3.1 「生命地域」を基礎とした新たな流域圏の構築 ……………… 76
  - 3.1.1 バイオリージョンとは何か　76
  - 3.1.2 都市と農山村をつなぐ――経済地域から生命地域へ　77
  - 3.1.3 バイオリージョナル計画手法　79
- 3.2 都市および農山村地域における水環境施策の展開 …………… 83
  - 3.2.1 都市のリノベーションと農山村地域の再生　83
  - 3.2.2 農山村地域における活水型地域づくり　85
  - 3.2.3 都市近郊地域の水環境　90
- 3.3 地域，景観，生態系を包含した水文化の醸成 ………………… 90
  - 3.3.1 新たな水文化の構築――文化論への流れ　91
  - 3.3.2 水文化のアプローチ　93
  - 3.3.3 水文化と生態学的な発想　94
- 3.4 水環境管理と技術展開 …………………………………………… 96
  - 3.4.1 管理とマネジメントシステム　97
  - 3.4.2 環境マネジメントシステムと環境管理　100

3.4.3　水環境管理と管理技術　102
　文　　献　106

第4章　新しい水環境創造技術の課題と展望　109

4.1　発生源負荷の削減と資源化の技術　110
　4.1.1　発生源の特徴　110
　4.1.2　有機物の資源化　111
　4.1.3　面源負荷対策　112

4.2　水環境の計測と評価技術の新展開　113
　4.2.1　水質観測の現状と課題　114
　4.2.2　モニタリング手法の今後の方向　118
　4.2.3　総合的な水環境の評価手法の確立に向けて　123

4.3　膜処理技術の可能性　124
　4.3.1　在来型水処理の限界　125
　4.3.2　膜分離プロセスの利点　127
　4.3.3　膜処理技術の課題　131

4.4　河川，ため池の水質改善の方法　134
　4.4.1　底泥対策　134
　4.4.2　湖水の直接浄化対策　135
　4.4.3　池の浄化システムの開発例　136

4.5　アメニティポンドの創造と整備　140
　4.5.1　アメニティポンドの定義　141
　4.5.2　水辺の減少　141
　4.5.3　調整池とため池の新しい価値と利用の創造　143
　4.5.4　アメニティポンドの整備を推進するうえでの課題　151

4.6　総合水管理型下水道への転換　152
　4.6.1　水循環型社会創設を支える下水道　153
　4.6.2　水環境再生下水道の推進　158
　4.6.3　低コスト高度処理技術の開発　160
　4.6.4　微量有害物質・病原性微生物対策　163
　4.6.5　下水道におけるノンポイント対策　164

4.7　ビオトープ整備の課題と展望　165
　4.7.1　ビオトープ整備の現状　166

4.7.2 ビオトープ整備の課題　174
    4.7.3 今後の展望　177
 4.8 感潮域における礫間浄化 …………………………………… 177
    4.8.1 石積み堤による水質浄化機能　178
    4.8.2 石積み堤内の流れの解析法　180
    4.8.3 ラグーン内の水質の時間変化　185
    4.8.4 計算例　187
    4.8.5 「りんくう公園」における調査例　189
    4.8.6 より効果的な水質浄化を目指して　190
 文献　191

おわりに　193

索引　195

第1章　20世紀末の潮流と動向

矢木沢ダム
(出典：水資源開発公団，'92事業のあらまし)
　20世紀の日本は，水資源の確保のため各地に巨大ダムを建設し，各種の水需要の急増に応えてきたが，水需要の横ばい，ダム建設適地の減少，地元住民の反対などに伴って新たな展開が求められている．

1.1　水環境をめぐる潮流と課題

> 　20世紀後半は，水環境が大きく様変わりした時代である．水質汚染では，問題となる汚濁物質が有機物，重金属，有機塩素系化合物，外因性内分泌撹乱化学物質（環境ホルモン）と多岐にわたった．それに，生物多様性や生態系の保全が加わった．
> 　こうした中，個別の施策や技術だけでの対応には限界があり，水循環も考慮した水環境の総合的な管理の視点を欠いては，もはやこれ以上の水環境改善は望めない．
> 　そのためには，水法の制定を含め水行政の一元化は必須である．

1.1.1　水環境の変遷

　日本の水環境の変遷，特に20世紀後半における変遷を概観することは，21世紀の水環境のあり方を考えるうえで欠かせない．

　水質に関しては，初めの頃は，工場排水中の有機物による河川や沿岸域の水質汚染が顕著であり，漁業被害が出るほどであった．その後，やはり工場からの重金属による被害が人間にまで達するという社会的大問題を引き起こすまでになった．有害物質としては，有機物，重金属に加えて，その後各種の有機塩素系化合物による水質汚染が問題となり，さらにこの数年は，環境ホルモンがこれまでの有害物質とは根本的に異なり，人類の将来を左右しかねないとの認識のもとに大きく取り上げられている状況である．

　こうした有害物質に起因する水質汚染は，ともすると水道水，食品を通じて直接的に人間の健康に悪影響を及ぼす可能性が高いだけではなく，自然生態系を壊すことから，実態調査は今後も継続していく必要があるが，一般に水中では濃度が低く，かつその種類がきわめて多いことが特徴である．

　水環境を考えるうえで，生態系の維持，生物多様性の確保といった事柄が豊か

な水の量とともに重視されるようになってきたが，それもせいぜいこの十数年のことにすぎないといえる．それまでは，水質の改善や治水・防災に全力をあげざるを得なかったという背景はあったものの，自然生態系を含めた広義の環境そのものに配慮して河川，湖沼，沿岸域を整備・保全する姿勢はなかった．生物多様性などを謳った『環境基本法』それ自体が1993年(平成5年)，『環境影響評価法』が1997年(平成9年)にやっと制定されたこともあわせて，日本のこの分野における行政の立遅れは否めない事実である．自然豊かな水環境が20世紀後半において減少してきたことは，河川の水路化，湖岸・海岸の人工化，生物の種や数の減少などの変遷をみるとはっきりとわかる．

　水環境の中身を，水の質から生態系，マクロからミクロへとさらに範囲を広げていく必要があり，それが真の水環境であることが認識されたのが20世紀であり，それを本格的に実現させていくのが21世紀に課された重要テーマであるといえる．

　水辺の整備が治水から親水・生態の重視へと変わってきたのと同じように，水質汚濁の発生源に対する対策も次第に工場排水から生活系排水・面的発生負荷へと重点が移りつつある．工場などの点源における処理施設の整備が大きく進展した結果，相対的に生活排水や面源負荷が公共用水域の汚濁に占める割合が高くなってきた．特に面源からの流出水は，汚染物濃度は薄いが，水量が多いという点で対策の難しさがあり，浄化技術のさらなる開発が待たれる．他方，点源の場合は，汚染物濃度が高いのが一般的であり，削減にとどまらず，さらに有価物の回収，資源化の徹底を図ることが21世紀における課題といえる．

1.1.2　水管理における総合性

(1)　多様な水資源

　水資源の確保には，従来からダム，貯水池を中心とした大型土木構造物の建設に頼っていたが，やはりこれだけでは不安はぬぐいきれない．今後もある程度のダムなどの建設は避けられないが，適地も少なくなっているうえに，自然破壊や生活破壊を伴う問題もあって多くは望めない．こうした状況のもと，水資源に関しても他の様々な方法を導入したより安全で安定した利水システムの構築が必要となっている．

雨水利用はそのひとつであり，種々の貯留方式によりせめて飲料水以外の用途に容易に利用できるシステムの確立や，地中に浸透させることによる地下水涵養技術の開発が必要である．また，地下水については，涵養を適正に行うことによってこれまで以上にその利用率を高めていくことができる．

一度使った水も浄化することで再利用が可能であることから，下水処理水がその量も多いこともあり，水資源として貴重なものとなりつつある．下水処理水を有効利用しようとする分野は今のところまだ限られてはいるが，臭いや色などの問題を解決すれば，不快感もなくなり，その用途はさらに広がるのは間違いない．

下水処理水は，どうしても終末下水処理場が起点となって用途先に輸送されることから，経済性などを考えると利用可能な地域も処理場周辺に限られることになる．そこで，できれば下水管渠の途中から下水を引き抜き，その場で処理して再利用する方式が一考に値する．例えば，公園などのせせらぎや池に必要な水をその場に設置した浄化施設で高度処理し，使用する．その水は，もちろん公園にある公衆トイレの水洗水としても利用できるわけである．

(2) 重層的な水害防除

特に問題となる都市災害の中でも，集中的豪雨による災害を防ぐうえで河川と下水道の整備はむろん欠かせないが，整備が遅れているというだけでなく，構造的な面からも整備だけで対応できるものではないことは明らかである．河川も下水道も，かつては雨水を速やかに流下させ，排除することに重点が置かれていた．だが，総合治水の視点のみならず，先に述べたように水資源を活用するという認識のもとで，水量管理は，昨今は河川においても下水道においても雨水の分散を図り，短時間のうちに下流地点に大量に集まってくることを回避する構造やシステムによって整備される方向になりつつある．

河川，下水道において進められているこうした見直しによって，流水や浸水防除についての安全性は高まってくる．しかしなお，一定の限界があることも明らかであり，河川とか下水道とかの枠にとらわれないより幅広い総合的な観点からの雨水の制御が求められる．

都市の公共物としての道路や公園などの面整備に関しては，単に耐久性とか，機能性とかといった面からだけではなく，できるだけ雨水の地中への浸透を促進するような透水性の材料を使用するなど，公共物であるだけに一層積極的な対策

が望まれる．しかし，現実にはまだ適用範囲も限られており，また，その地域も関東地方などの一部にすぎない．

このように，都市の住民を降雨災害からまもるには，河川，下水道，道路，公園，住宅，さらには農林などの各事業分野にまたがる水管理の取組み，つまり，放流先である河川，下水道分野への雨水の分散貯留に加えて，発生源ともいえる道路や宅地，公園，農地などでの分散化，貯留化を軸とした総合的な洪水・浸水対策が必要なのである．

(3) 水質改善事業

河川，湖沼の水環境についてもより総合的な視点からの管理が求められている．たしかに公共用水域の水質改善には公共下水道の果たす役割が大きい．しかし，公共下水道だけで公共用水域の水質改善が可能かというとそうではなく，他の類似施設も含めてより総合的な観点から水質改善に関する施策を実施していくことが肝要である．その理由としては，下水道システムそのものに起因する部分と，下水道が質的な面でまだ全体的に高度化されていないということの2つが考えられる．

下水道の整備地区内に発生した生活系・産業系汚濁物質（主としてSS，BOD）は，基本的には下水処理施設において高率的に除去されるが，路面などから降雨時に下水管に流入してくる非点源(面源)汚濁物質については，排除方式が合流式と分流式のどちらであるにせよ，処理は十分に行われない．また，排水区から雨水とともに集められた汚濁物質はすべて処理場にて二次処理されるシステムにはなっていない．そのうえ，合流式下水道においては，雨天時に一定以上の降雨になると一次処理だけになったり，無処理のままの状態が増し，その結果，生活系・産業系汚濁物質が放流される割合が高くなる．

こうしたことから，雨天時の放流による負荷の削減を行う必要性に迫られており，そのためにも下水道システムの改良や処理技術の開発が現在進められている．しかし，それだけでは不十分であり，有効な発生源対策として非点源汚濁物質の排除，清掃をはじめとする排水区内の汚濁物質管理をあわせて行う必要がある．

水質浄化に直接浄化法として水域内で自然の浄化機能を活用することなども重要であるが，それはあくまでも限界を有しており，補完的なものと認識することが必要である．各種の処理施設からの放流水中の汚濁物質をすべて除去すること

は不可能であり，また非点源汚濁物質に対する有効な対策も十分ではない．こうした中で，河川水を直接浄化することはやむを得ないことではある．その際には，水処理装置と同様に発生する汚泥など生成物の処分までも確実に行えるシステムとしなければならない．中途半端な対応ではかえって水質悪化を招くことになるので，やはり総合的水管理の中で正しく位置づけることが重要である．総合的な観点から実効性のある確実な手法を取り入れなければならない場合が次第に増えつつある．

(4) 自然親水空間

治水，利水に加えて親水が水環境の中で大きな位置を占めてきた．しかも親水という人間と水との付合いだけに限定するのではなく，さらに，水辺の生態系にも配慮した水環境の創造を意図していることから，ますます総合的な水管理の必要性が高まってきたといえる．

さて，親水空間を生態系に配慮したうえで本格的に形成するとなると，場合によってはきわめて困難なものとなる．例えば，河川整備に多自然型工法が多用されるようになってきたが，その内容は，護岸整備に自然な素材を使うとか，自然に近い形で改修するなど，比較的部分的な，また生態系というより景観に配慮したにとどまっているものが多い．それにはやはり理由があるが，そのひとつは治水の安全度との兼合いであろう．本来の自然豊かな河川および河川空間を優先するとなると，変化に富んだ縦断面や横断面が必要となり，そうするには，治水面からいえば，現在の川幅では不足しており，拡幅する必要が生ずる．しかも，一部分だけではなく，流れ方向にも距離を十分にとる必要があることから，現実には不可能な場合が多くなる．したがって，流水能力の低下を来さない範囲内で，しかも現在の河道を利用しての川づくりにならざるを得ない．

このような状況を考えると，逆に計画高水量を減らすことができるとするならば，河道にも余裕が生じ，本来の自然豊かな川づくりを試みることができるのではないだろうか．氾濫原を確保し，河畔林や生物生息域をつくることも可能となる．この意味からも，流域全体における雨水の分散化を図ることは有意義といえるのであり，治水の安全度と同時に生態系に配慮した川づくりの可能性を高めるものとなると思われる．

1.1.3 システムの再編成と技術的課題

(1) 水の循環再利用システムの確立

工場・事業場における水の回収率は，80％と限界に近いほどの効率になっている．これに反して，生活用水や農業用水においては，循環再利用率はかなり低い段階にとどまっている．例えば，生活用水の多くは，ほとんどが一度の使用で排水として下水道などに排出されているのが現状である．東京，福岡などの渇水被害を受けた地域でも，わずかに一部の地区や建築物において循環システムが導入されているだけである．都市部では，特に地区循環方式やビル循環方式以外にも，個人住宅などより小規模な単位で雨水利用も含めて雑排水を再利用できる中水道（雑用水道）システムに関する技術開発が望まれているといえる．

その場合，ひとつの方法としては既に整備されている下水道を利用することが考えられる．下水道では，終末処理場において処理された処理水は，必要な高度処理をしたうえで上流域まで輸送されて利用することになる．こうした方法は，東京都西新宿高層ビル地区にみるシステムのように大量の水を供給しなければならない場合には当然有効である．

しかしその一方で，種々の小規模な水循環再利用システムが考えられる．例えば，都市公園，学校のグランド，河川敷などである．雨水の貯留・浸透施設が設置可能な公的施設において，単に，雨水を利用するだけにとどまらず，汚水である下水についても同様に循環再利用システムを構築することは，雨水と汚水を有機的に結びつけた活用が可能となるので，推進する価値がある．下水管渠から一部取り出した下水を高度処理浄化システムで処理し，分散・貯留する．そして，公的施設その他で再利用するだけでなく，せせらぎなどの親水用水として使用し，いったん災害などの緊急時にはその水を緊急用水として利用することが可能なシステムの構築が必要である．

(2) 排水負荷削減技術の開発

まず，下水道経由の汚濁負荷の削減であるが，とりわけ雨天時下水を高度処理（二次処理）する割合をできるだけ高めるための処理技術や，下水道システムの見直し，改善が必要である．具体的には，合流式下水道における雨水吐きからの越流下水ならびに遮集下水からの有機物質，懸濁物質の効率的な除去であり，分流

式下水道にあっては特に雨水の初期流出水に含まれる路面堆積物や管渠内堆積物の除去であり，これに関する技術開発が急務である．

次に下水道の未整備地区においては，生活排水もさることながら，農業・畜産業からの排出負荷量が流域特性によっては総排出負荷量の大半を占めることもある．そのような場合，特にこうした地域が水源地域になっていることが多々あり，問題となることがある．そのうちのひとつである生活排水に対しては，浄化槽などいわゆる下水道類似施設が設置されるが，さらに下水道と同様の処理機能を備え，かつ適正な汚泥の処理・処分が可能なシステムの確立が急務である．そして，畜産排水については，安価で維持管理が容易であること，かつ汚泥の最終処分や有効利用まで見据えた一貫した対応ができる技術が必要とされる．

その他，肥料や農薬の合理的使用とあわせて農業排水の直接浄化に関する技術の検討も必要である．また，閉鎖性水域である湖沼を有する地域では，窒素，リンの削減も同時に行う必要があるが，凝集法など物理化学的な高度処理技術や生物学的処理法の他，植生・土壌など自然の浄化機能を活用した手法の導入によってかなり対応は可能である．

(3) 親水空間の確保と生態系の維持

下水処理水の環境用水としての利用に際しては，水質的にはこれまで以上に高度な水準のものとしなければ，現実には普及しがたい側面がある．とりわけ臭いや色に関しては人はきわめて敏感であり，水に触れたいという気持ちを萎えさせる最大のものといえる．脱色，脱臭も可能で，衛生上も安全である水が得られる高度処理技術が欠かせない．

この際，さらに留意しなければならないのは，いかに水質的にも，衛生上も問題ないということであっても，もともと下水であった，ということだけで，嫌悪感，違和感を持つのが人間の感覚だ，ということである．これが，下水処理水の親水用水としての限界ともいえるのである．しかし，その場合でも，いったん土壌や地中を通過させてろ過させるなど自然の浄化能や希釈効果を利用したりすることで「自然にかえす」という過程を経るならば，工夫によって水質はいうに及ばず，イメージからいってもいい結果がもたらされると考えられる．

自然生態系を取り入れた河川や水辺空間の整備に関しては，生息する生物に適した水環境づくりを前面に出した多種多様な工法を開発する必要がある．そのた

めには，現実に存在するビオトープ，エコトーンなどの「生息の場」の解明がまず必要である．そこから得られた生態系を維持するのに必要にして十分な条件を前提とした天然素材や人工素材も開発して活用していくなら，維持管理に対して過重な負担を強いられることはないと考えられる．とはいえ，このような水環境を生態系の視点から評価する手法については，いまだに確立されるに至っていない．こうした水辺空間の整備のあり方が普及していくには，正しい評価基準と手法の確立が必要で，この点に関する研究を推進していくことが大事である．

　都市化が著しいほど自然の素材を使った吸着，ろ過などの物理化学的処理技術を活用したミニサイクルシステムをつくり出すなど，生態系を取り込んだ親水空間の復活を目指すことが重要なのである．難しい課題であるが，水環境が人の心身環境に与える影響を正しく評価し，そのためには多少のコストの負担も辞さないという世論が形成されていくことを願っている．

1.1.4　行政および法律上の課題

　いうまでもなく，都市およびその周辺に存在する水は，質や量には変化があるものの，必ずどこかでつながっている．それがその時々に応じて，上水，下水，河川水，地下水と呼ばれているにすぎないにも関わらず，監督官庁や部署が異なっているのが日本の現状である．その不合理性は，これまでも多く指摘されてきたところである．ここでは，水環境を水質的な面から改善する際に問題となる河川や下水道に関連して述べる．例えば，下水道の処理場からの放流水を直接的に河川敷で高度処理することは法律上は認可されない事項である．放流先と河川敷で高度処理を実施するには，下水処理水を一度河川に放流し，そのすぐ下流で河川水を河川敷にある浄化施設に導入してこなければならない．法律上やむを得ず，全く余計な経費がかかることになる．しかし，現在の『河川法』，『下水道法』による限りはこうするより他ないのである．また，前述のように下水の中間処理施設の設置についても，その構想は評価できるが，下水道と公園その他の管理部門との調整が必要である．

　以上は，ほんの一例を示したにすぎないが，現在の法はそれぞれの個別事業を実施し，その施設を維持するという目的のもとに制定されており，環境整備という側面は謳ってはあるが，不十分であるうえに他の法との関連についても有機的

なつながりはない．しかし，水環境においては，水の一貫性ということを持ち出すまでもなく，法制度においてこうした視点は必要である．したがって，『河川法』，『下水道法』その他について，環境の保全・再生を前面に出した場合には，その法律そのものの抜本的な改正が必要と考える．さらには，すべてを包括した「水法」という一貫性のある法律そのものの制定に至る必要があるのではないだろうか．

1.2　水環境・水循環政策の動向と新たな展開

> 　20世紀の中頃からの都市化の進行や高度経済成長に伴う水需要の増加と水環境や自然環境の悪化に対応するため，水資源の確保は，河川・湖沼・地下水の利用，ダム・堰・広域利水，海水の淡水化などにより必要量を確保してきた．水利用は，水道，工業用水道，農業水利施設などの整備を行い，必要な量と質の水を給水してきた．水環境や自然環境の保全は，点源負荷削減を中心とした水質保全対策と公園の整備，河川や湖沼の人工的な自然環境の整備，ヨシ群落の保全などが進められてきた．
> 　この結果，水需要の急増には対処できたが，水環境や自然環境は，水質保全や自然環境保全対策などが実施されてきたにもかかわらず，一部で改善がみられるものの，全体的には横ばい，または悪化が進行しており，新たな水環境保全対策が必要となっている．

1.2.1　水源涵養

（1）　森林の水源涵養

　日本の森林は，第二次大戦前後に一時減少し，その後，造林事業や一部の地域で水源涵養林の整備が行われているが，全体的には若干減少傾向にあり，総面積では，1998年（平成10年）現在2 521万2 000 haで，国土面積の約70％を維持し

ている.また,森林の維持管理体制は,林業の不振,林業従事者の高齢化・減少により経営基盤の弱体化が進んでいることから,水源涵養機能は20世紀の中頃に比べ減少している.しかし,最近では森林の持つ環境保全機能や水の浸透貯留機能が評価され,造林事業の実施,林業・木材産業の振興,山村の活性化,公的管理の導入など新たな展開が図られている.

(2) 農地の水源涵養

日本の耕地面積は,1961年(昭和36年)の608万6000 haをピークに年々減少し,1996年(平成8年)には499万4000 haとなっている.そのうち,水田が272万4000 ha(55%),畑が226万9000 ha(45%)である.また,農業用水の使用量は,1996年現在,全体で590億m^3/年であるが,水田にほとんど使用されており,蒸発と植物からの蒸散以外大部分が地下水となるか,下流河川に還元されるので,水源涵養機能を有している.このため,最近は健全な水循環と自然環境の回復を目指し,水田への引水では,用排水分離から循環利用や反復利用施設の整備,ため池の整備などが進められ,水源涵養機能の回復の努力が始まっている.

(3) 市街地の水源涵養

日本の市街地面積は,都市化の進行に伴い急激に拡大してきたが,同時に自然環境も破壊してきた.また,近年の市街地は,河川のコンクリート水路化,下水道の整備,住宅や道路の舗装などにより雨水浸透が少なくなってきたことから,水源涵養機能は減少してきた.しかし,最近では,浸透性舗装による地下浸透などによって,水源涵養機能の回復が図られている.

1.2.2 水資源の確保

(1) 地表水,地下水の利用

日本の河川や湖沼水などの利用については,水需要の増加に伴い既存の貯水量や河川流量の利用可能量以上の利水量が必要な場合は,ダム・堰・広域利水施設などを建設し,水資源を確保してきた.また,雨水も,最近では大規模建築物の建設時に貯留槽を設け,水洗トイレ用水や植栽用水などに利用している.

地下水は,容易に利用できる水源として,水道,工業用水,農業用水,養魚用

水，建築用水などに使用されてきた．しかし，図-1.1に示すように新潟県，埼玉県，三重県，大阪府，東京都，佐賀県などの一部で，過剰揚水により地盤沈下や地下水位の低下が発生した．このため，新潟県，三重県，大阪府，東京都などでは，取水規制，代替水供給などの地盤沈下対策の実施によって，沈下は沈静化し，地下水位も回復してきた．しかし，濃尾平野，筑後・佐賀平野，関東平野北部などの地域では，地盤沈下や地下水低下が続いており，地盤沈下防止対策が進められている．

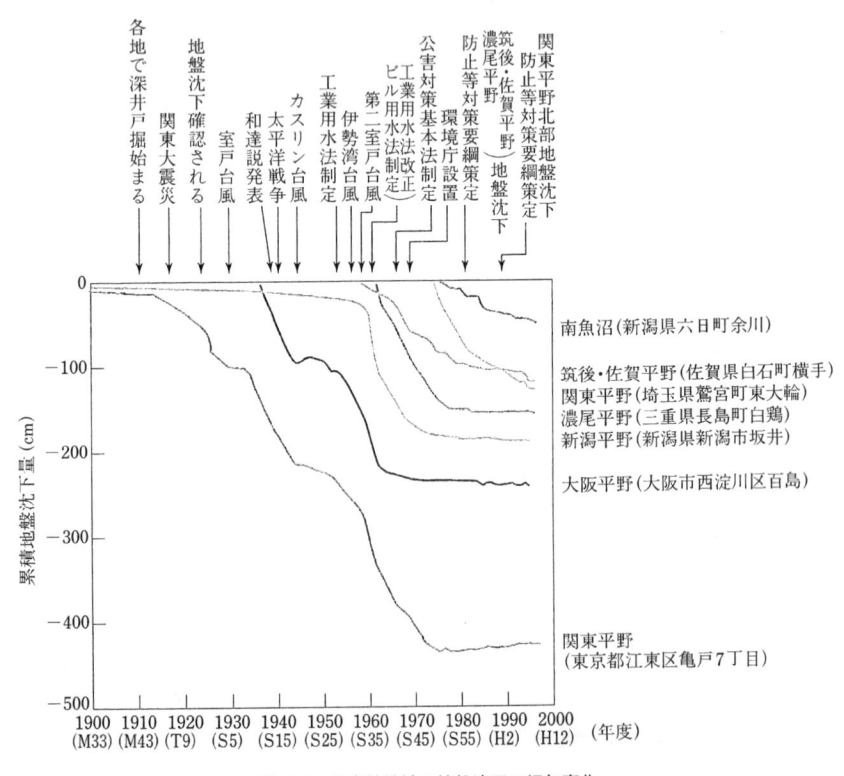

図-1.1　代表的地域の地盤沈下の経年変化

(2) 水資源開発事業

日本では，これまで水資源開発事業として，ダム・堰・広域利水施設の建設，海水の淡水化施設の建設などが行われてきた．ダムによる水資源開発事業は，大

規模開発事業で環境への影響も大きいことから，水源地域の様々な反対にあいながら事業が実施されてきた(写真-1.1)．しかし最近では，従来の水源地域への補償対策に加え，水源地域整備計画による生活環境および産業基盤整備や基金による生活再建対策もあわせて行い，地元の理解と協力を得ながら事業が実施されるようになった．

堰による水資源開発は，河川の河口部に建設されることが多いことから，量的には必要量が容易に確保できるが，質的には生態系の豊かな水域に建設されるため環境への影響が危惧され，生態系への影響調査や魚類の遡上に必要な魚道の建設などが行われている．しかし，反対運動は活発化し，地域住民のみならず全国的な広がりを示して社会問題化しており，新たな対応が迫られている(写真-1.2)．

他水系からの広域利水による水資源開発は，古くは琵琶湖疏水(写真-1.3)があり，偉大な成果をあげ今でも利用されている．広域利水は，水資源の有効利用の

写真-1.1
日吉ダム[11]

写真-1.2
長良川河口堰

写真-1.3 琵琶湖疏水[12]

点から推進すべき施策であるが，水源地域と利水地域の利害の調整，両地域の発展対策の実施などの協力体制を確立し事業を推進することが必要である．

海水の淡水化による水資源の確保は，海水の淡水化技術が蒸留法から膜処理へと技術革新が進み，1999年(平成11年)現在，全国で81箇所のプラントがあり，造水能力は13万2881 m^3/日に達している．最近，沖縄県の水道で膜処理による造水能力4万 m^3/日の海水淡水化施設が建設され稼動している．

1.2.3 水の利用

(1) 水道の整備

日本の水道は，20世紀の初め頃から都市を中心に，都道府県市町村が事業主体となり施設の整備が進められた結果(**写真-1.4**)，20世紀の終わりには普及率がほぼ100％に達した．1996年(平成8年)度末現在，『水道法』で規定する101人

写真-1.4 大阪府村野階層浄水場(大阪府水道部：大阪府村野階層浄水場)

以上の水道は,全国で1万5784箇所あり,その種別内訳は,水道用水供給事業110箇所,上水道事業1960箇所,簡易水道事業9709箇所,専用水道4005箇所となっている.これらの水道を利用している人々は,全国で1億2073万人となり,水道の普及率は96%となっている.また,水需要は,水道の普及,生活水準の向上,産業の発展,都市化の進行などにより1950年(昭和25年)頃から急増してきたが,1975年(昭和50年)頃から頭打ち状態が続き,1996年現在,総給水量は170億6000万 m^3/年となっている.

(2) 工業用水道の整備

日本では,産業の発展に伴い必要な工業用水を確保するため,地方公共団体や企業団営で工業用水道の整備が進められてきた.1996年(平成8年)3月末現在,139事業体,給水能力2197万8000 m^3/日,給水先数6342箇所となっている.工業用水道の水需要は,1980年(昭和55年)頃まで産業の発展に伴い急増してきたが,回収水利用の増加や景気の低迷により最近は頭打ち状態が続き,1996年現在,1264万7000 m^3/日となっている.

(3) 農業水利施設の整備

農業用水の使用量は,1996年(平成8年)現在,水田灌漑用水が559億 m^3/年,畑地灌漑用水が26億 m^3/年,畜産用水が5億 m^3/年,合計590億 m^3/年である.農業水利施設は,明治以来次第に大規模化し,農林水産省の「農業用水実態調査」によれば,調査対象の取水施設約11万箇所のうち,灌漑面積100 ha以上のものは施設数で3%にすぎないものの,総灌漑面積では約60%を占めており,取水施設の統合化,大規模化が図られている.そしてこれら農業水利施設の管理は,土地改良区や農業集落組織,各農家自身が行っている.

(4) その他用水

雑用水利用は,関東臨海地域と北九州地域などの過去大規模な異常渇水を経験した地域で多くの施設が設置されている.1997年(平成9年)度末現在,全国で約2100施設あり,その使用水量は1日当り約32万4000 m^3 と推定されている.
雨水は,水資源確保の困難な地域で利用されてきたが,最近では都市部の大規模建築物で雨水貯留施設を設置し,水洗トイレ用水や植栽用水などに利用されて

いる．

　消・流雪用水は，モータリゼーションの発達に伴い，地下水(散水型)，河川水(流雪溝)を利用する施設が建設されている．散水型の消雪パイプは，日本海側を中心に敷設されており，使用水量は1998年(平成10年)度で約1億9000万 m^3 である．

　また，流雪溝の全使用水量は，1998年度で約5億5300万 m^3 であり，そのうち約88%が河川水である．

　養魚用水は，マス，アユ，ウナギ，錦鯉，金魚などの養魚に使用され，1998年度では約65億 m^3 使用されている．

　発電用水は，1998年現在，水力発電所1695箇所，最大出力4400万kWで使用されている．

1.2.4　河川，湖沼，地下水などの水質保全

(1)　水質の監視と測定

　河川や湖沼水質の実態把握のため，『水質汚濁防止法』による，「公共水域の水質測定計画」に基づく定期観測，都道府県・市町村などの水道・下水道・保健所などにより水質監視や測定が行われている．

(2)　水質保全に関する法令の施行

　水質保全関連法としては，『水質汚濁防止法』，『環境基本法』，『瀬戸内海環境保全特別措置法』，『湖沼水質保全特別措置法』，『水道原水水質事業の促進に関する法律』，『特別水道利水障害防止のための水道水源水域の水質保全に関する特別措置法』などと都道府県の条例により環境基準の設定，排水規制，総量規制，水道水源保全などが実施されている．

(3)　水質の保全計画

　海域や湖沼の水質保全計画としては，『瀬戸内海環境保全特別措置法』，『湖沼水質保全特別措置法』などにより水質保全計画が策定され，計画的な水質保全対策が推進されている．また，琵琶湖では，特定水域の水質改善のため行動計画が策定され，流域単位の水質保全対策が推進されている．

(4) 下水道の整備

下水道は，『下水道法』により公共下水道，流域下水道，都市下水道の3種類に分けられている．下水道の計画的な整備は，『生活環境施設整備緊急措置法』による下水道整備五ヵ年計画および終末処理場整備五ヵ年計画によって開始され，1967年(昭和42年)以降は，『下水道整備緊急措置法』による第2次から現在実施中の第8次下水道整備五ヵ年計画へと発展してきた．1998年(平成10年)現在，下水道事業実施箇所数は，全国で延べ2617箇所となっているが，下水処理人口普及率は58％にすぎず，100％の普及は21世紀に持ち越された(**写真-1.5**)．

また，し尿処理については，下水道の普及に伴い減少傾向にあるが，1996年(平成8年)現在，処理量は年間約8万2000 kL/日(全国)であり，まだかなりの地域で使用されている．

写真-1.5 滋賀県湖南中部浄化センター(滋賀県:滋賀県の下水道, 1999)

(5) 農業集落排水処理施設

農業集落排水処理は，最近では各地で建設が進み，1997年(平成9年)現在，全国で約2400箇所設置されている．この施設は下水の高度処理と同程度の浄化効果があり，農村地域の水環境改善に貢献している．

(6) 生活排水処理対策

浄化槽は，1996年(平成8年)現在，全国で約815万箇所あり，このうち，合併浄化槽は約87万箇所(約11％)となっているが，最近各地でさらなる水質浄化を図るため，単独浄化槽から合併浄化槽への転換が進められている(**図-1.2**)．

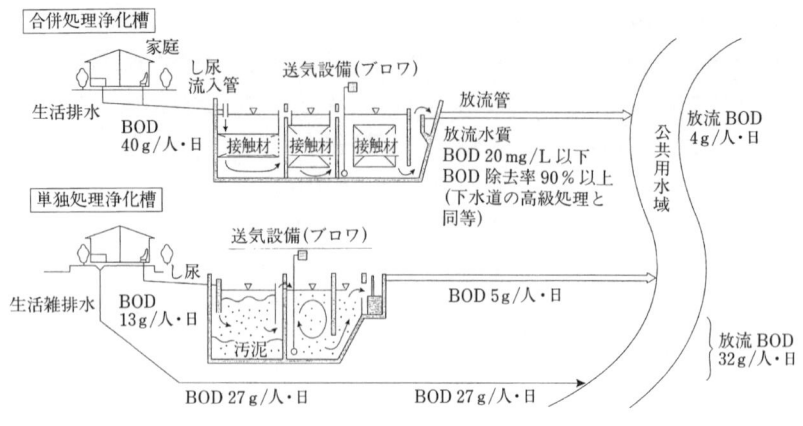

図-1.2 合併処理浄化槽と単独処理浄化槽の比較

(7) 工場,事業所の排水処理

工場,事務所の排水処理は,『水質汚濁防止法』の施行に伴い実施されており,1995年(平成7年)現在,全国で特定事業所が約30万箇所,『瀬戸内海環境保全特別措置法』対象の事業所が約5 000箇所,合計約30万5 000箇所の排水処理施設があるが,地方自治体で定期検査や立入り検査などの厳しい監視が行われている.

(8) 微量有害物質対策

1980年代に入りトリハロメタンや農薬汚染が問題化し,使用制限,規制,基準などが設定されてきた.最近,ダイオキシンや外因性内分泌撹乱化学物質(環境ホルモン)などが問題化しているが,ダイオキシンについては,1999年(平成11年)に環境基準や水質基準が設定され,外因性内分泌撹乱化学物質については,その実態調査や影響,対応などの研究が進められている.

(9) 河川や湖沼の水質浄化対策

河川や湖沼の直接浄化対策としては,浚渫,直接浄化,浄化用水導入などの対策がある.このうち,河川の直接浄化対策としては,浄化用水の導入,流水保全水路の建設,礫間浄化,土壌浸透,植生浄化などが実施されており,ダム湖の水質保全対策としては,水質汚濁の発生原因や防止目的にあわせ,深層曝気,貯留ダム,流入水バイパス,表層曝気などの対策が実施されている.

(10) 海域の保全対策

閉鎖性海域である，東京湾，伊勢湾，瀬戸内海などの水質(COD)や富栄養化に伴う赤潮などの現象は，1974年(昭和49年)以降現在までほぼ平行状態が続いており，改善がみられない．このため，1980年(昭和55年)から瀬戸内海においては『瀬戸内海環境保全特別措置法』に基づき栄養塩類の削減指導を行っており，東京湾，伊勢湾においても，1982年(昭和57年)から関係都府県などによる富栄養化防止対策が始められ，最近では，東京湾，伊勢湾，瀬戸内海においてCODを指定項目として，1999年(平成11年)度を目標とした第4次水質総量規制が実施された．

(11) 地下水の保全対策

地下水は，水源である井戸の地層に含まれる汚染物質に加え，20世紀後半には各種微量化学物質汚染が問題になった．このため，1989年(平成元年)から『水質汚濁防止法』に基づき水質汚染状況を監視するため，国および地方公共団体による調査が行われることになった．また，その対策として，水質監視，工場，事業所に対する地下浸透規制，汚染井戸の飲用の取止めと上水道使用への転換指導，汚染物質除去対策などが行われている．

(12) 水質保全の協議会など

『河川法』に基づき河川水系の水質保全対策を推進するため，水系単位で水質汚濁防止連絡協議会などが設置され，水質情報の収集，情報の交換，異常水質事故通報連絡体制の確立などが行われている．そして，琵琶湖・淀川水系では，流域の6府県と3政令指定都市により(財)琵琶湖・淀川水質保全機構が設置され，流域共同取組みによる水質保全対策の調査・研究・浄化技術開発などが進められている．

1.2.5 自然環境の変化と保全対策

(1) 水環境の悪化と改善

人口の増加，産業の発展に伴う生活排水や産業排水の増加，土地利用の変化，人工護岸などにより湖沼や河川の水環境は悪化してきた．こうした水環境悪化に対し，排水規制や環境基準の設定，総量規制，下水道や工場排水などの排水処

理施設の整備などの保全対策が進められている．湖岸や河岸の整備は，河川公園や多自然型川づくりなどにより人工的な自然環境の回復が行われている．

(2) 生物生息地の喪失

自然環境の変化に伴い，湖沼や河川のヨシ帯，水草帯，砂浜，松林，水田，沿岸植生帯，河畔林などの生物生息地が量的にも大きく減少し，その連続性の分断も含め質的にも低下してきた．

琵琶湖では，図-1.3，1.4に示すように生物生息地であるヨシ帯や河畔林が減少してきた．

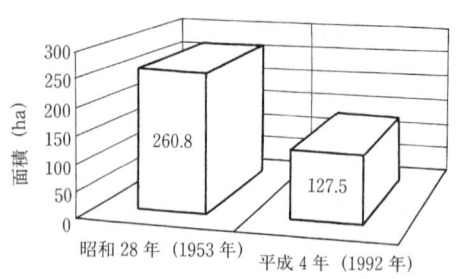

図-1.3 琵琶湖ヨシ帯の減少[8]

(3) 生物多様性の減少と保全

日本の生物多様性は，土地利用の変化や各種開発行為による生息地の減少や劣化，移入種による生態系の攪乱などにより喪失または

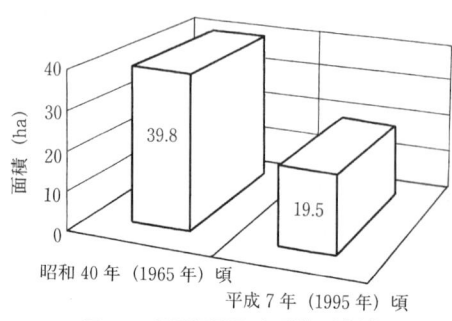

図-1.4 琵琶湖周辺の河畔林の減少[8]

減少してきている．このため，世界遺産（自然遺産）への記載，『ラムサール条約』登録湿地採択，生物多様性国家戦略の策定，生物多様性センターの設置などの各種施策が進められてきた．

琵琶湖では，生物生息地や生物多様性の保全，回復などが水環境保全に必要であることが認識され，生態保全計画策定，ヨシ群落の保全，『ラムサール条約』登録，固有種・在来種の保護と回復，水産資源生物の保護増産，鳥獣保護，琵琶湖の総合的な保全のための計画調査などが実施されている．

(4) 固有景観の変化

都市化の進行，土地利用の変化，生産・生活様式の変化などにより，固有景観は変化または破壊されてきた．しかし，一部の地域では，歴史的景観の復元や回復，創造の事業が実施され，成果があがってきている．

(5) 水辺利用の変化

水辺の市街地化，湖岸や河岸道路の整備，ライフスタイルの変化，レクリエーションの変化などにより水辺利用が大きく変化してきた．この結果，開発された多くのレジャー機器の水上バイク，プレジャーボート，バスフィッシングなどにより騒音，混雑，混乱などが発生し，問題になっている．

1.3 水環境技術の到達点

> 20世紀の水環境技術は，人が必要とする水の確保や利用と水環境の保全のため，水資源の確保，水利用，水質の保全，自然環境と景観の保全などの施設を整備し運用してきた．
>
> 水資源の確保は，表流水(河川水・湖沼水)や地下水の利用，ダム・堰・広域利水，海水の淡水化，再生水利用などにより必要量を確保してきたが，一部で水循環機能を利用量が上回り，不健全な水循環となっている．
>
> 水利用は，水道，工業用水道，農業用水，再生水，雨水，ボトルウォーターなどの利用により水需要の急増と多様化に対処してきた．
>
> 水質の保全は，水質観測，排水規制，汚水処理，微量有害物質対策，地下水保全，野外実験・研究などが実施されてきたが，一部で改善がみられるものの，これまでの対策の限界も明らかになり，新たな対応が必要である．
>
> 自然環境と景観の保全は，自然・都市公園，人工的な自然環境の創造や固有景観の復元などを実施してきたが，その減少や破壊は回復されていない．

1.3.1 水の循環利用

(1) 20世紀の水循環と利用

20世紀における日本の水循環は，自然の水循環機能と一部の人工的な水循環機能を最大限に利用してきたが，水循環系全体からみると水利用量が圧倒的に多

く，それを補う循環対策が不十分なため不健全な水循環になってしまっている．

(2) 水循環技術の開発

20世紀では，自然の水循環機能利用の限界に対し，人工的な水循環技術として水源涵養，ダムなどによる水量調整，上工水道による水利用，下水や排水処理による再生などを利用してしてきたが，その量は利用量に比べまだ不十分である．このため，健全な水循環系の構築が必要であるとの認識のもと，国の健全な水循環系構築に関する関係省庁連絡会議においては，「健全な水循環系構築に向けて（中間とりまとめ）」が策定されている．これは20世紀最後の水利用の総括と21世紀へ向けての取組みを示すもので，さらなる深化を推進する必要があると考えられる．

1.3.2 水資源の確保

(1) 水源涵養対策

水資源の確保の基本となる水源涵養については，20世紀の中頃までは森林，農地，市街地などの持つ機能を利用してきたが，森林における面積の減少と適正な維持管理不足，農地における水田面積の減少と農水の用排水分離，市街地における浸透機会の減少とため池・貯水池の減少などによりその機能は減少してきた．

(2) 水資源の開発と管理

河川や湖沼水などは，20世紀の中頃から水需要が急増し，各地で利用されてきた．しかし，1975年（昭和50年）頃から水需要が増加から頭打ちに転じたことから，地表水の利用も頭打ちが続いている．

日本の水資源開発事業は，20世紀の中頃以降，約3000箇所以上のダム，14箇所の堰，約50箇所の広域水資源施設，4箇所の湖沼開発施設などの建設を行い，これまでの水需要の急増に対し大きな破綻もなく応えてきた．

20世紀の後半に至り，水需要の頭打ち，建設適地の減少，環境問題などで施設の建設が難しくなっている．このため，建設推進にあたり地域住民などの理解と協力が得られるよう説明会や情報の公開などを積極的に行うなどの努力がなされてきた．しかし，近年，地元や支援団体の反対運動はますます活発化し社会問

題化していることから，新たな合意形成のルールづくりが求められている．

　水資源関係施設の管理・運用については，一部で河川別統合管理が行われているものの，まだ，ダムや堰の個別管理が行われており，国，公団，府県などの個別管理の域を脱せない状況にある．

　地下水は，過剰揚水を行うと地盤沈下や地下水位の低下などの被害が発生し，その対策として，揚水の規制，代替水の供給などの地盤沈下対策を実施すると，沈下が停止し地下水位も回復することがこれまでの経験から明らかになっている．このため，依然として過剰揚水が続けられ，地盤沈下や地下水位の低下などの被害が発生している地域では，抜本的な対策を早期実施する必要がある．

　海水の淡水化については，淡水資源の確保が難しい離島や工場，電力会社などで設置され，1999年（平成11年）現在，生活用水プラントが46地点53プラント，造水能力6万1715 m^3/日で，工業用プラントが19地点28プラント，造水能力7万1166 m^3/日となっている．初期の淡水化技術は，蒸留法が主流であったが，膜処理法が開発されてからは，最近ではほとんどが逆浸透法（81箇所）で，電気透析法（15箇所），多段フラッシュ蒸発法（7箇所）の順になっている．

1.3.3　水の利用

(1)　上水道の整備と運用

　水道の水資源の確保のために当初は，既存の地表水，地下水などを利用していたが，水需要の増加に伴い水資源開発事業に参画し水利権を取得してきた．

　日本の水道施設の能力は，1996年（平成8年）度現在，上水道6697万6000 m^3/日，簡易水道137万6000 m^3/日，専用水道32万6000 m^3/日，全体で6867万8000 m^3/日となっている．最近，水需要の頭打ちまたは減少に伴い水道施設能力や水利権に余裕を来たしている水道もあり，これを有効利用することが必要である．

　水道水源の監視や測定は，ほとんどの水道で個別に行われているが，原水水質の自動観測や取水や浄水施設の管理について自動運転や遠隔操作が導入されている．

　水道の浄水処理は，創設以来一部の水道で緩速ろ過から急速ろ過への転換があったが，一般的には凝集沈殿・急速ろ過・滅菌が行われてきた．その後，琵琶湖・

淀川水系を水源とする水道などでは，1998年(平成10年)に，異常臭気，微量有害物質除去などを目的として図-1.5に示すような高度浄水処理(オゾン・活性炭処理)や生物処理が導入され，大きな成果があがっている．

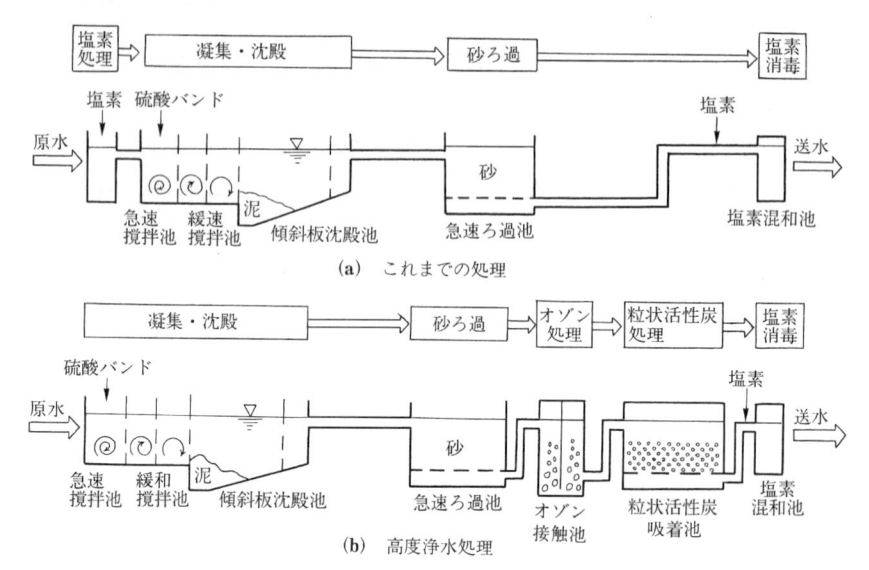

図-1.5　水道の高度浄水処理(大阪府水道部：高度浄水処理，1998)

また，最近ではかなりの地域の簡易水道において膜処理プラントが設置されているが，浄水処理効果と管理が容易であることなどを考慮すると，今後さらに増加するものと考えられる．

水道の危機管理対策としては，水源水質汚染事故，異常渇水，地震，水道施設破損などの発生に対し，次のような対策が実施されている．

水源汚染事故は，頻繁に発生しているが，河川水系単位で水質事故連絡体制が確立されており，取水停止やオイルフェンス，中和剤の散布などが行われている．

異常渇水対策は，河川水系単位で河川管理者，水道，工業用水事業体などで渇水発生時に渇水対策本部を設置し，取水制限，給水制限，時間給水，応急給水などの渇水対策を定め，渇水の規模に応じ対策が実施されている．

水道施設は，耐震工法指針により耐震化が全国で図られている．地震時には応急給水対策や復旧対策などが実施されているが，過去大規模な地震が発生した地域では水道施設の耐震化が進められている．

(2) 工業用水道の整備と運用

 日本の工業用水道は，産業の発展に伴い水需要が急増し，各地で工業用水道が建設されてきた．その後，回収水利用の増加，産業構造の変化と経済の低迷などにより，最近では水需要は頭打ち傾向にあり，一部の工業用水道では，水需要が激減しているところも出てきている．このため，水利権や施設能力と水需要に格差が発生し問題になっている．工業用水道の水処理は，ほとんどの施設が凝集沈殿のみで給水されている．

(3) 農業水利施設の整備と運用

 農業用水の使用量は，農地面積の減少に伴い減少し，農業水利施設に余裕をきたした地域では，農業用水の他用途への転用が行われている．建設省の調査によると，1965年(昭和40年)度から1998年(平成10年)度までに，全国の一級河川で約40 m^3/秒の取水量が上水道や工業用水道などに転用されている．

(4) 再生水の利用

 下水処理水は，1997年(平成9年)現在，192箇所の処理場で下水処理水が場外に送水され，工業用水，修景用水として再利用されており，その水量は年間1億3000万 m^3 となっている．

 雑用水利用は，1970年(昭和45年)頃に100件程度であったものがその後急増し，1996年(平成8年)末現在2100件で，使用水量は全国で1日当り約32万4000 m^3 と推計されている．雑用水は，東京や福岡などの過去大規模な異常渇水の発生地域で多く導入されてきた．排水処理技術の技術革新に伴い，最近では上下水道料金を含めると大都市では雑用水利用コストの方が安くなってきている．

(5) 雨水の利用

 雨水は，1996年(平成8年)度末現在，全国の雑用水利用施設のうち約29%にあたる約600の施設において水洗トイレ用水などの雑用水として利用され，その水量は年間約500万 m^3 と推計されている．新国技館，東京ドーム，福岡電気ビル，福岡ドーム，名古屋ドーム，大阪ドームなどの大規模建築物は，水洗トイレ用水，冷房用水，洗車・散水用水，植栽用水などに使用されている．

(6) ボトルウォーターの利用

ボトルウォーターとしては，当初は外国からの輸入されたミネラルウォーターが多く飲まれていたが，最近では国産品も数多く販売され，水道水質の悪化や高級志向とあいまって爆発的に増加してきた．しかし，最近，飲料水の多様化や水道の高度浄水処理実施の影響もあり，増加が鈍化するものと予想される．

(7) 浄水器

浄水器は，水道水質の悪化に伴い一時ブームに近い現象として各種のものが販売されてきた．浄水器の構造は，当初は活性炭ろ過が多かったが，最近は中空糸膜が多く使用された機器が販売されている．しかし，水道の高度浄水処理の実施地域では，ほとんど販売されているのがみられなくなっている．

1.3.4 水質の保全

(1) 水質の監視と測定

湖沼，河川，地下水などの水質監視や測定は，国，公団，都道府県，市町村，関係機関などにより湖沼，ダム湖，河川，浄水場，下水処理場，地下水観測井などで実施されている．しかし，最近の水質メカニズムの変化や流入物質の多様化などにより，これまでの水質監視や測定だけでは不十分であることから，新たな流域水質モニタリングシステムなどの観測体制を確立し，水質の監視と観測が必要であると考えられる．

(2) 湖沼水質保全計画

日本では，『湖沼水質保全計画特別措置法』に基づき全国10の湖沼，霞ヶ浦，印旛沼，手賀沼，琵琶湖，児島湖，諏訪湖，釜房ダム貯水池，中海，宍道湖，野尻湖などで，表-1.1に示すような湖沼水質保全計画が策定されている．この計画は，総合的な水質保全施策と目標を定め，各種水質保全対策が実施されてきたが，20世紀中にはいずれの計画も目標値を達成することはできなかった．この結果は，湖沼水質保全計画のあり方を根本的に見直す必要性を示しており，目にみえる水質改善効果が期待できる総合対策を実施しなければならない．

(3) 汚水処理対策

汚水処理の中心的な対策である下水道の整備は，その普及率が1961年(昭和36年)に5%程度であったのが1998年(昭和60年)には58%程度まで普及した．下水の排除方式は，最初は合流式が採用されたが，近年はほとんど分流式が採用されている．1997年(平成9年)度現在，全国の下水処理場は1 293箇所あり，ここからの下水処理水量は年間125億 m^3 に達している．下水処理方式は，一般的には二次処理が行われているが，閉鎖性水域や水道水源として利用されている水域では，高度処理が実施されている．また，さらなる水質浄化が必要な湖沼などの閉鎖性水域では，超高度処理の研究が行われ，技術的には処理方法が確立されている(図-1.6)．

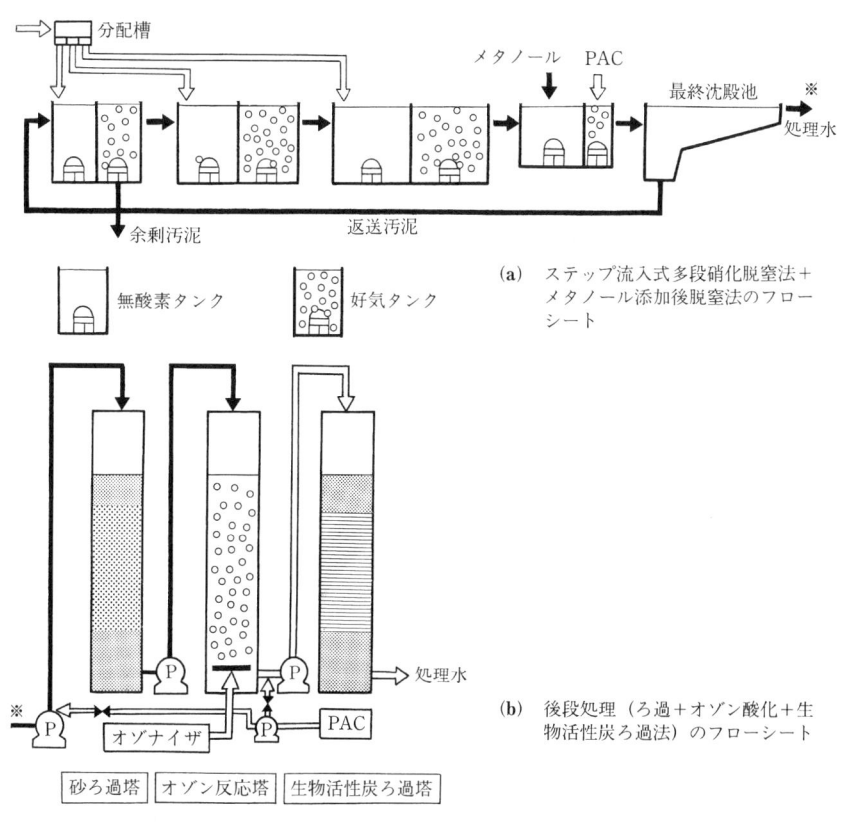

(a) ステップ流入式多段硝化脱窒法＋メタノール添加後脱窒法のフローシート

(b) 後段処理(ろ過＋オゾン酸化＋生物活性炭ろ過法)のフローシート

図-1.6 下水道の超高度処理[25]

表-1.1 湖沼

湖沼名 (指定年月)	関係 府県	湖沼水質保全 計画計画期間 (年度)	水域名	環境基準	COD(75%値)[単位：mg/L]		現状水質 (H8年度)
					湖沼水質保全計画		
					基準年水質 (H7年度)	水質目標値 (H12年度)	
霞ヶ浦 (S60年)	茨城県 栃木県 千葉県	H8～12年 (第3期)	霞ヶ浦(西浦) 北浦 常陸利根川	3 3 3	9.8 8.2 8.4	8.7 7.7 7.6	10.0 8.7 8.8
印旛沼 (S60年)	千葉県	〃 (第3期)	印旛沼	3	14	11	13
手賀沼 (S60年)	千葉県	〃 (第3期)	手賀沼	5	29	18	27
琵琶湖 (S60年)	滋賀県 京都府	〃 (第3期)	琵琶湖(1) (琵琶湖大橋北) 琵琶湖(2) (琵琶湖大橋南)	1 1	3.0 3.9	2.6 3.7	2.8 3.6
児島湖 (S60年)	岡山県	〃 (第3期)	児島湖	5	12	8.8	10
諏訪湖 (S61年)	長野県	H9～13年 (第3期)	諏訪湖	3	11 (H8年度)	4.9 (H13年度)	11
釜房ダム 貯水池 (S62年)	宮城県	〃 (第3期)	釜房ダム 貯水池	1	2.4 (H8年度)	1.9 (H13年度)	2.4
中海 (H元年)	鳥取県 島根県	H6～10年 (第2期)	中海および 境水道	3	6.9 (H5年度)	5.5 (H10年度)	7.5
宍道湖 (H元年)	島根県	〃 (第2期)	宍道湖	3	4.6 (H5年度)	4.1 (H10年度)	4.7
野尻湖 (H6年)	長野県	H6～10年	野尻湖	1	1.8 (H5年度)	1.6 (H10年度)	2.1

環境庁：環境白書（平成10年版）

1.3 水環境技術の到達点

水質保全計画

全窒素(年平均値)[単位:mg/L]				全リン(年平均値)[単位:mg/L]				利水状況
環境基準	湖沼水質保全計画		現状水質(H8年度)	環境基準	湖沼水質保全計画		現状水質(H8年度)	
	基準年水質(H7年度)	水質目標値(H12年度)			基準年水質(H7年度)	水質目標値(H12年度)		
0.4	1.0	0.98	1.1	0.03	0.11	0.10	0.14	上水道,農業用水,工業用水,水産,釣り,舟遊
0.4	0.72	0.67	0.71	0.03	0.094	0.086	0.086	
0.4	0.88	0.84	0.75	0.03	0.086	0.078	0.090	
0.4	2.1	1.7	1.7	0.03	0.14	0.098	0.15	上水道,農業用水,工業用水,水産,釣り
1	5.3	4.8	4.5	0.1	0.51	0.37	0.49	農業用水,水産,釣り,舟遊び
0.2	0.34	0.31	0.31	0.01	—	—	0.006	上水道,農業用水,工業用水,水産,水浴,釣り,観光,舟遊び,自然環境保全
0.2	0.42	0.39	0.39	0.01	0.021	0.015	0.018	
1	2.0	1.7	1.8	0.1	0.20	0.17	0.21	農業用水,水産,釣り
0.6	1.2 (H8年度)	0.75 (H13年度)	1.2	0.05	0.11 (H8年度)	0.057 (H13年度)	0.11	農業用水,水産,釣り
—	0.58 (H8年度)	—	0.58	0.01	0.017 (H8年度)	0.015 (H13年度)	0.017	上水道,農業用水,工業用水,水産,釣り,自然環境保全
0.4	0.73 (H5年度)	0.65 (H10年度)	1.0	0.03	0.074 (H5年度)	0.069 (H10年度)	0.10	水産,工業用水,観光,釣り
0.4	0.48 (H5年度)	0.44 (H10年度)	0.56	0.03	0.044 (H5年度)	0.040 (H10年度)	0.053	水産,工業用水,観光,釣り
—	—	—	0.20	0.005	0.005 (H5年度)	0.005 (H10年度)	0.004	上水道,農業用水,発電用水,水産,観光

農業集落排水処理は，浄化機能としては下水の高度処理と同様の水質が期待でき，地域の水環境改善に大きく貢献するものと考えられる．

生活排水処理は，これまで単独浄化槽の設置が行われてきたが，最近ではより水質浄化効果が期待できる合併浄化槽の普及が進められている．

工場や事業所の排水処理は，『水質汚濁防止法』の施行に伴い各工場や事業所などで処理施設の整備が進められてきた．その管理についても，地方自治体の厳しい監視や検査により厳格な維持管理が行われている．

し尿処理は，凝集処理，オゾン処理，活性炭処理などの過程を組み合わせた高度処理が実施されており，窒素除去では効果があがっている．

(4) 微量有害物質および病原性微生物対策

日本で微量有害物質が問題になったのは，水道の浄水過程で生成されるトリハロメタンであるが，厚生省は 1981 年(昭和 56 年)に制御目標値を定め，1992 年(平成 4 年)に水質基準の改正に伴い，総トリハロメタンで 0.1 mg/L 以下としている．

農薬については，1948 年(昭和 23 年)に制定された『農薬取締法』により使用規制や基準が制定され，その後数回にわたり改正され，近年では毒性の強い農薬による汚染は少なくなっている．

最近，ダイオキシン，外因性内分泌撹乱化学物質(環境ホルモン)などが問題になっているが，ダイオキシンは 1999 年(平成 11 年)に公共水域の環境基準および水道水質基準が 1 L 当り 1 ピコグラムと定められた．外因性内分泌撹乱物質は，1998 年(平成 10 年)に環境庁で「環境ホルモン戦略 SPEED '98」が策定され，水質の実態調査，野生生物の蓄積状況調査，曝露経路調査など幅広い情報収集が行われている．

病原性生物のクリプトスポリジウムは，水道の塩素消毒では不活化できないため，厚生省では浄水処理のろ過過程で濁度を 0.1 度以下に維持するよう指導している．

(5) 河川や湖沼の水質浄化対策

日本の大規模な湖沼では，下水道など排水処理施設の整備による流入負荷削減，底泥の浚渫，アオコ除去などの対策が実施されてきたが，富栄養化現象は治まら

ず，水質の改善に至っていない．また，河川の水質浄化対策は，浄化用水の導入，流水保全水路の建設，凝集沈殿と急速ろ過など，各種浄化施設の整備が行われている．

(6) 地下水の保全対策

地下水の保全対策としては，地下水はひとたび汚染すると回復が難しいことから，汚染の未然防止が重要である．このため，環境庁では1984年(昭和59年)以降，トリクロロエチレンなど3物質を取扱う工場・事業所の排水抑制に関する暫定指針を設定し，指導を行ってきた．その後，『水質汚濁防止法』が1989年(平成元年)に改正され，有害物質を含む排水の地下への浸透禁止，施設の改善命令などの規定整備，地下水質の常時監視の義務付けなどの条項が追加された．また，1996年(平成8年)の『水質汚濁防止法』の改正により，地下水汚染原因者に対し汚染された地下水の浄化を命じることができることや有害物質などが検出された地域住民への地下水汚染状況の周知や飲用指導を行うなどの対策を講ずることとしている．

一方，地下水を水源としている水道の一部では，地下水汚染に対し水質の監視や除去施設の設置などの汚染対策が実施されている．

(7) 野外型実験・研究の実施

河川や湖沼の水質浄化や保全技術の研究開発については，実験室や小規模な実験施設での実験研究から，大規模な野外型の実験施設による研究開発までが実施されている．

建設省近畿地方建設局，水資源開発公団大阪支社，滋賀県，(財)琵琶湖・淀川水質保全機構では，1995年(平成7年)に「琵琶湖・淀川水質浄化共同実験センター」(図-1.7)を，建設省土木研究所では，1998年(平成10年)に「自然共生センター」(図-1.8)を建設し，実験・研究が開始している．

a．琵琶湖・淀川水質浄化共同実験センター　琵琶湖・淀川流域の水質改善を図るため，実施設に近い規模の実験施設において，河川および湖沼の直接浄化を目的とした水質浄化に関する技術的かつ実用的な知見を得ることを目的としている．

実験施設は，実験用水を琵琶湖，葉山川，農業用水路の3つから選択取水でき

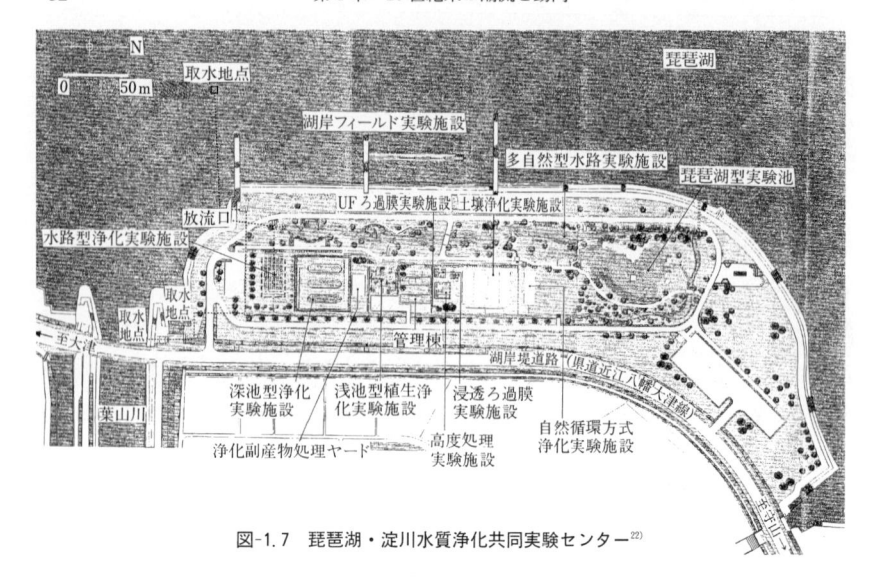

図-1.7 琵琶湖・淀川水質浄化共同実験センター[22]

るようにしている．前浜フィールドでは，水路型，深池型，浅池型，土壌浄化，自然循環方式などの各実験施設と琵琶湖・淀川を模した琵琶湖型実験池，多自然型水路実験施設などがある．湖岸フィールドでは，わんど型，なぎさ型実験施設がある．研究管理を行うための管理棟，見学者棟などが設置されている(図-1.7)．

b.**自然共生研究センター**　河川湖沼の自然環境保全・復元のための基礎的・応用的研究を実施し，その結果を広く普及することを目的に，現場スケールに近いいくつかの条件がコントロールできる実験施設である．

研究施設は，実験河川(3本)，実験池(6池)，研究棟からなっている．実験河川は，形状や構造の異なる延長800mの河川が3本ある．実験池は，池岸をコンクリートで覆った2池と土で覆った4池からなっている．研究棟は，研究室，実験室，事務室，ビジタールームなどを備えている(図-1.8)．

(8)　**淀川水系の水質保全対策の効果**

最近の水質保全対策では，環境基準を達成する成果がみられるが，淀川水系においては，図-1.9〜1.11に示すように環境基準の数値を大きく下回る水質改善効果があがっている．

淀川水系のBOD排出負荷量構成は，点源負荷量が87.4％，面源負荷量が12.6

％で，圧倒的に点源負荷量が多い．こうした状況に対し，点源負荷削減対策の中心的な施策である下水道の普及率が平成に入って50％を上回り，最近では80％を上回ってきた結果，淀川の枚方地点の水質は，以前 5 mg/L 前後であったのが，環境基準の 3 mg/L を下回り 1.6 から 1.9 mg/L に改善されてきている．淀川の枚方地点より上流の都市圏域では約 400 万人の人が住んでおり，その下流河川の水質が 2 mg/L 以下まで改善された例は世界的にも珍しい成果といえる．

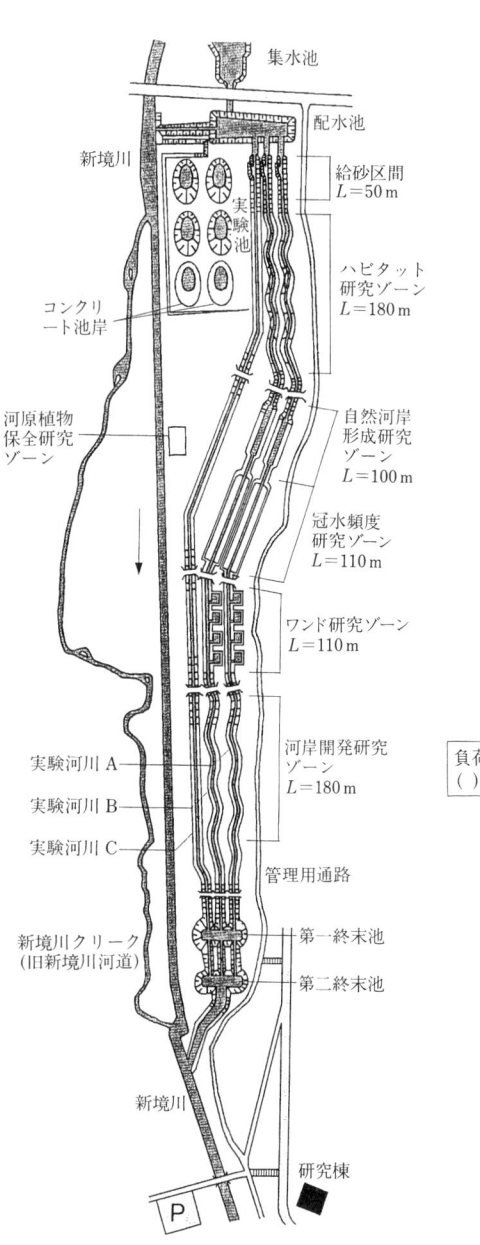

図-1.8 自然共生研究センター[23]

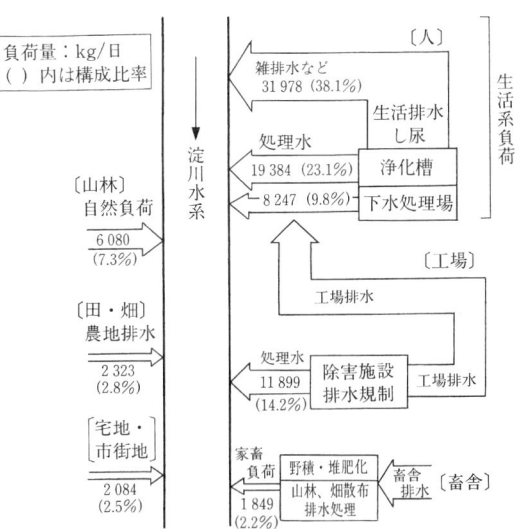

図-1.9 淀川流域の BOD 排出負荷フロー[14]

図-1.10 下水道普及率の推移

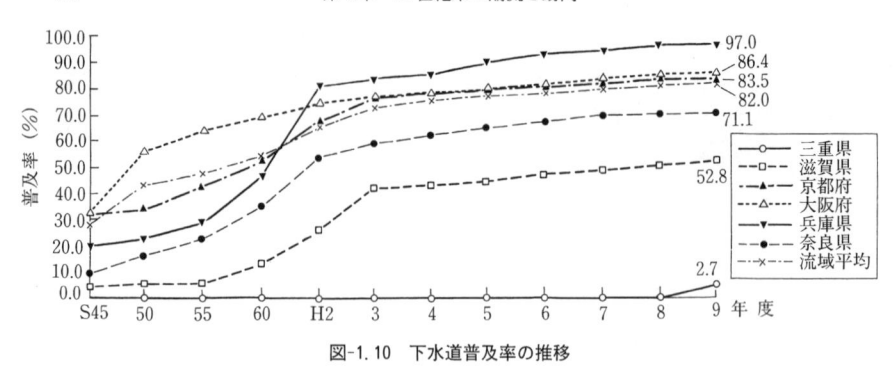

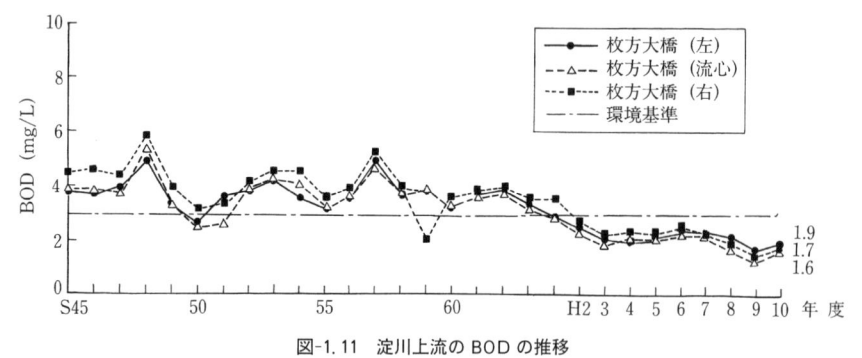

図-1.11 淀川上流のBODの推移

1.3.5 自然環境と景観の保全

(1) 自然環境の保全と回復

　自然環境は，都市化の進行，各種開発行為，土地利用の変化などによって減少または破壊が進んできた．一方，都市公園，自然公園，湖岸，河岸で人工的な自然環境が整備されており，そこには新たな生物生息地が創造されている．
　国土庁を含む6省庁では「琵琶湖の総合的な保全のための計画調査」で，琵琶湖の自然的環境・景観保全からみた琵琶湖のあるべき姿は，「多様な生物のいとなみを通して，四季の移り変わりを映し出す琵琶湖」として，「ビオトープのネットワークの補完・形成」を提案している．各ビオトープにおけるネットワーク構想は，グループ特性から，湖辺域におけるビオトープ，平地・丘陵地におけるビオトープ，山地森林におけるビオトープ，河川・河畔林におけるビオトープ，に整理している．

(2) 生物多様性の保全

生物多様性は，森林の伐採，各種開発行為，土地利用の変化などによって，生物の生息地の減少や破壊が進行し，多くの生物が危機に瀕している．また，生物資源の利用が生物の再生産力を上回った場合，絶滅を引き起こす原因となる．さらに，外来種の進入により在来種が減少または絶滅の危機に瀕しており，保護が必要である．

日本の生物多様性の保全については，国際条約である『生物の多様性に関する条約』の基づき1995年(平成7年)に次のような目的と各種取組みの「生物多様性国家戦略」を策定し，日本の，そして世界の生物多様性の保全と持続可能な利用が図られるように努めるとしている．

《長期目標》
- 日本全体の生物多様性の保全と持続可能な利用．
- 生物分布の観点から区分される地域ごとの生物多様性の保全と持続可な利用．
- 都道府県，市町村ごとの生物多様性の保全と持続可能な利用．
- 大面積の保護地域の適切な管理と保護地域間の生物のつながりの確保．

《当面の目標》
- 動植物の絶滅のおそれを生じさせないこと．
- 重用な地域を適切に保護すること．
- 生物多様性を持続可能な方法で利用すること．

《各種取組》
- 保護地域の指定と管理．
- 生物多様性に配慮した開発．
- 生物動植物の保護管理．
- 自然教育の推進．
- 身近な自然の保全と生物の生息環境の育成および調査研究の促進．
- 生物資源の持続可能な利用．
- 国際協力の推進．

(3) 景観の保全

滋賀県では，固有景観の適正な保全のため，調和の取れた景観形成，無秩序な景観整備防止などの条例や指導が行われている．また，固有景観の回復について

は，自然・都市公園の整備，風致地区条例，風景条例の施行，地域の近隣景観形成協定の締結などが行われている．

写真-1.6 生まれ変わる八幡川（近江八幡市，出典：滋賀県土木部河港課，生まれ変わる八幡川）

参考文献
1) 國松孝男・菅原正孝編著：都市の水環境の創造，技報堂出版，1988．
2) 岡太郎・菅原正孝編著：都市の水環境の新展開，技報堂出版，1994．
3) 菅原正孝：都市における水管理，都市問題研究，第52巻，第8号，2000.8．
4) 国土庁長官官房水資源部編：日本の水資源（平成11年度版），大蔵省印刷局．
5) 農林統計協会：図説食料・農業・農村白書（平成11年度）．
6) 日本水道協会：水道統計（平成9年度）．
7) 日本工業用水協会：工業用水道，No.493, 2000.3．
8) 国土庁大都市圏整備局・環境庁水質保全局・厚生省生活衛生局・農林水産省構造改全局・林野庁指導部・建設省河川局：琵琶湖の総合的な保全のための計画調査報告書，1999.3．
9) 環境庁編：環境白書（平成11年版），総説．
10) 環境庁編：環境白書（平成12年版），総説．
11) 水資源開発公団：'95事業のあらまし．
12) 水資源開発公団：「事業のあらまし」'99．
13) 京都市水道局：琵琶湖疏水，1989.9．
14) 琵琶湖・淀川水環境会議：琵琶湖・淀川を美しく変える－提言－，1996.8．
15) 環境庁編：多様な生物との共生をめざして－生物多様性国家戦略－，1996.5．
16) 生物多様性とその保全，地球環境学5，岩波書店，1998.8．
17) 建設省都市局下水道部監修：日本の下水道，1999．
18) 国土庁長官官房水資源部監修：'96水資源便覧，1996.3．
19) 厚生省監修：厚生白書（平成10年版）．
20) 厚生省監修：厚生白書（平成12年版）．
21) 地球・人間環境フォーラム：「環境要覧」2000/2001．
22) 琵琶湖・淀川水質保全機構：BYQ水環境レポート（平成11年度）．
23) 建設省近畿地方建設局・滋賀県・水資源開発公団関西支社・（財）琵琶湖・淀川水質保全機構：琵琶湖・淀川水質浄化共同実験センター（平成12年度版）．
24) 田中隆（建設省土木研究所環境部生態保全技術研究官）：自然共生センターの紹介．
25) 地球環境関西フォーラム：生物多様性を知る，2000.3．
26) 日本下水道事業団：超高度処理技術の開発．
27) 健全な水循環系構築に関する関係省庁連絡会議：健全な水循環系構築に向けて（中間とりまとめ），1999.10．

第2章　21世紀の水環境のあり方

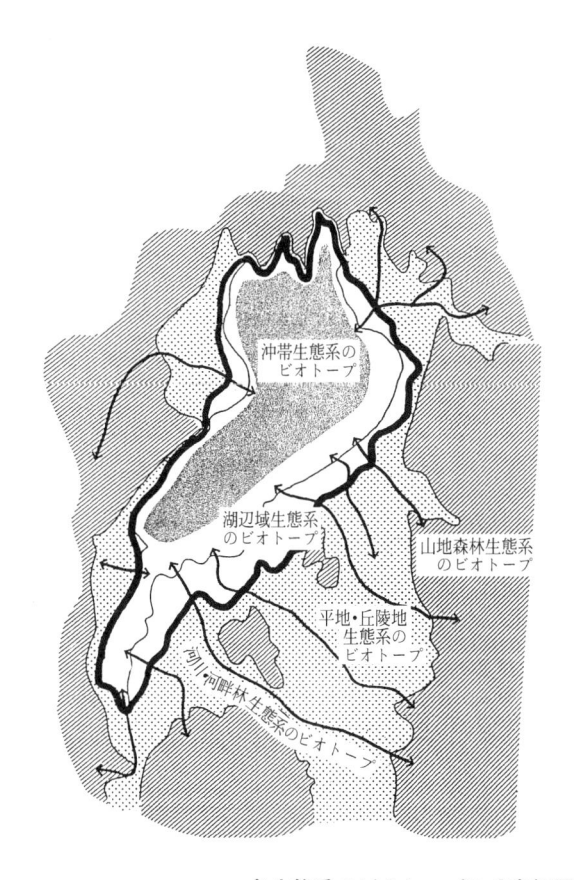

各生態系のビオトープの分布概要図
(滋賀県，マザレイク21計画，2000.3)

　21世紀の河川や湖沼の水環境の保全対策は，これまでの水質保全対策に加え，生物多様性の保全のために生物生息地の確保や固有種の保護が必要となる．このため，滋賀県では，新たな施策としてビオトープのネットワーク化を推進していくことにしている．

2.1 新しい水環境創造のあり方

> 水環境に関する20世紀技術は,「見栄えの改善,再生」であり,応急対策である.発達した水処理技術も汚水の無害化ではなく,究極の高エネルギー分離技術であった.
> 　21世紀は,「持続可能な発展」の概念を基礎に「本物の再生・処理」技術への転換が図られる必要がある.
> 　水資源開発,水利用および水処理といった水環境の諸技術は,21世紀では循環型の社会システムと連携して,資源・エネルギー効率の優れた技術として確立される必要がある.同時に環境制御が社会的に機能する環境管理のシステムを構築する時代でもある.
> 　特に,技術のグリーン化,生物多様性の確保,外部不経済の内部化を前提に,自然の浄化機能を活かした自主的な環境管理としての地域環境マネジメントシステムに基づく水循環利用システムを完成させることが課題となる.

2.1.1 地球サミット後の社会システムの方向

(1) 21世紀技術の位置づけ

　20世紀システムは,**表-2.1**によれば水を「つくる側」の論理を優先し,効率的,集中的な産業用水的利用を目指したもので,水質改善については公害対策型だとしている.

　また,技術の面から20世紀技術の到達点をとらえると,前述したように多くの課題を残しつつ,水源涵養,水資源確保や開発,自然的な水利用,地下水利用,可能な限りの雨水の人工的な取水,貯留などを機能として備えるシステムを整備し,1億3000万人の生活と産業を支えるまでに一応の技術的確立がなされ,微量有害物質を含むあらゆる汚濁物質,有害物質の除去は,高度処理技術,高度ろ過技術の開発により一応何でも技術的に可能なところまで発展してきた.また,

2.1 新しい水環境創造のあり方

表-2.1 水文化のパラダイム[1)]

	都市	環境	水
経済	① 資本/生産/消費集中 ② 都市ネットワーク ③ 世界都市システム	① 環境経済システム ② 環境産業の展開 ③ 国際化基準(ISO)	① 農業から産業用水的利用 ② 水資源環境価値の評価 ③ 水情報システムの整備
技術	① 都市基盤整備 ② 持続可能な都市開発 ③ 都市のIT化	① 公害対策 ② 快適環境創造 ③ 環境情報システム	① 効率的な水資源環境整備 ② 「使う側」からの技術の構築 ③ 水技術の国際協力
文化	① 都市文化の模索 ② 人間性の希求 ③ 異文化交流・創造	① 環境文化の崩壊 ② 環境文化の再生 ③ 国際ネットワーク	① 地域から水システムの喪失 ② 文化創造の核としての水 ③ 水文化思想の国際比較

①:20世紀システム　②:21世紀システム　③:国際化・情報化展開

　河川, 湖沼での水質保全には, 監視体制の確立と点源負荷対策としての下水道の整備はおおむね達成したものの, 大量水の水質改善技術の効果的な開発は未達成となっている. こうした20世紀技術は, 人量消費, 人量廃棄のプロセスの上に経済的に右肩上がりの発展が続くというシナリオの中で, 財政, 資源, エネルギーの制約をあまり考慮せずに適用されてきており, その結果が膨大な外部不経済を発生させる社会システムとなってきている.

　21世紀においては, こうした20世紀の水の集め方, 使用の仕方, 廃水処理の仕方など, 大量消費, 大量廃棄のプロセスを抜本的に改善し, 資源・エネルギー的に適切で経済の内部化が進むシステムの中で,「持続可能な発展」を目指す必要がある. 結局, 20世紀が到達した水資源開発技術, 水利用技術および水処理技術を見直し, 負荷のでない処理技術, 汚泥を無害化できる分解や循環が可能な技術, 景観保全と生物多様性を確保する技術として確立することである. 有限な資源と費用で次世代を含む今後の子孫が永遠に持続して生き続けられるような方法を見出すことが21世紀技術の究極の位置づけである.

　地球サミットで採択された「アジェンダ21」における水環境改善についての方向を踏まえ, 私たちは, これからの水環境, 水循環を保全するために, 21世紀技術として次の技術的位置づけが必要となる.

① 水の量的, 質的制御はプロセス, システム技術の高度化と分解, 無害化技術を位置づける.

② 水の利用技術は, 取水, 貯留, 消費, 廃棄, さらに循環利用, 処理再生利用などの全プロセスを含め, グリーン化を位置づける(ワイツゼーカーは,

こうした技術のグリーン化を真の「緑の革命」と呼んでいる)[2]．
③ 技術の適用と機能の発揮（建設から長期的維持管理まで）には，生態系への配慮や多様性の確保，影響を最小化する位置づけが必要である．

(2) 21世紀の社会システム

人間をはじめとしたあらゆる生命は，水の健全さなくしては生きられない．21世紀に期待されているのは1987年（昭和62年）に提唱された「持続可能な発展」が確実となる社会システムであり，水環境問題を根本から解決できる社会である．

現在イメージされている循環型社会を水分野において考えれば，水のカスケード利用，循環利用や水の処理再生利用，雨水の貯留利用および地下土壌への浸透，蒸発散，河川の流出機構を健全な状況に戻すことをイメージした雨，水の流れ方，使い方の再生を目指しているといえる[3]．

これからは現代的な利便性や快適性を維持しつつ，水の利用過程に加えられた質的，エルギー的負荷（快適に使うことにより質が汚濁される）を最小化または除去する新たな技術とシステムが必要となる．特に多種多様な化学物質や外因性内分泌撹乱化学物質（環境ホルモン）などの微量で複雑な水質負荷が増大していることから，質的改善が大きな課題となっている．また，量的には，農業，工業などの産業分野での節水型技術の向上を進めるとともに，必要水量の地域的偏りと同時に季節的偏りと気候変動的な偏りを解決することが21世紀の社会システムの課題である．なお，農業用水の量的課題は，健全な水循環技術の中に位置づけた対応が望まれる．

21世紀の社会システムは，「使う側」の論理の優先が目標とされるが，その「使う側」の論理に正しい水哲学を位置づけ，排水と処理と再利用を一連のものとする循環型ゼロエミッションを基本としたものに転換する必要がある．スウェーデンの環境保護団体ナチュラル・ステップは，持続可能な社会システムの構築に**表-2.2**に示す4つの条件を提案している[4]が，背景にある哲学は，地域の持つ環境容量内に人間の社会活動を抑制することと，多大なエネルギーや資源の投入をしないで現状の豊かさを確保することを目指しており，水の量的，質的課題への解決アプローチに参考となる．

水環境の視点からの21世紀の社会システムとは，既存に開発された水資源の確保と維持を前提に水循環の健全化を正しく位置づけたノン負荷の水利用構造を

つくり出すことであり，水資源の有効活用と再利用システムを定着させた図-2.1のような社会システムであると考える．

表-2.2 ナチュラル・ステップの提案する持続可能な経済社会の4条件

① 地殻から取り出した物質が生物圏の中で増え続けないこと(石油・金属・鉱石などを地殻に定着するより早いスペースで掘り起こさない).
② 人工的につくられた物質が生物圏の中で増え続けないこと(自然が生分解するか地殻に定着させるより早いペースで自然界に異質な物質を生産しない).
③ 自然の循環と多様性がまもられること(自然界の生産力に富む地表が傷つけられたり，他のものに取り替えられたりされない).
④ 人々の基本的なニーズを満たすために資源が公平かつ効率的に使われること(資源の浪費は避ける．また，富める国と貧しい国の不公平な資源配分も避けるべき).

環境庁：環境白書(平成12年版)，総論

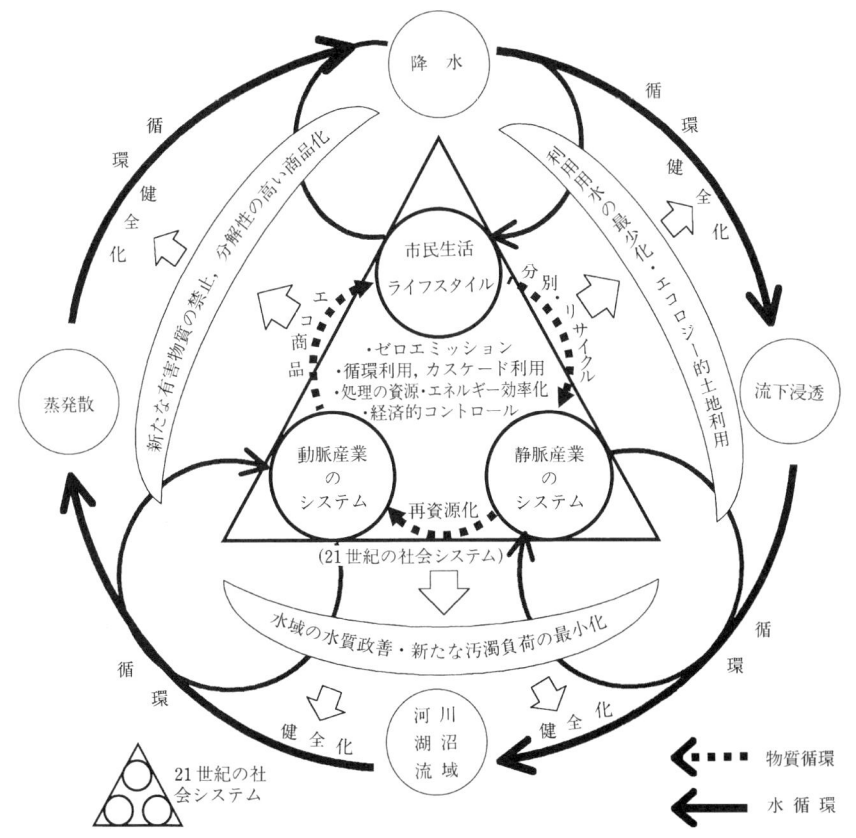

図-2.1 21世紀の水環境をめぐる社会システムの概念図

2.1.2 量的,質的制御と自然の浄化機能

(1) 量的,質的制御と水環境

年間1 700～1 800 mmの降水量を記録する水に恵まれた日本では,地球規模の水問題と様相を異にしているものの,これまでの右肩上がりの長期水需給計画が見直されつつある.しかし,現在の河川,ダムに設定されている利用水量は,水利権として平常流量の大半が特定権利者に確定しており,水を融通しあう余裕はなく,新しい水需要には新規水資源開発をしなければ対応できない構造となっている.このため,都市,農業,工業の各用水は地域的な偏りとあわせて,渇水期や季節的変動において平常流量を下回る場合には,量的不足を発生させる懸念が恒常的にあり,このことが過大な水需給構造をつくり出してきた.

一方,川の正常機能の維持,川の景観,生態系の保全,水質環境の改善からは,平常時はもとより渇水時や地震災害時にも豊かな水量が望まれており,水の利用権とは異なった視点から河川流量の増大と安定化が健全な水循環の保全とあわせて切実な課題となっている.水の質的問題は,「おいしい水」としての飲料水質の向上,および使用後の排水が河川,海に排出され,次の利用水源,水界生態系の環境そのものになることから,微量有害物質の混入や富栄養化,さらには一般の有機物汚染も含めて21世紀の重要な課題となっている.

21世紀の量的水問題の解決は,降水量に恵まれた日本にとっては地域的偏り,気候的,季節的変動への適切な対応と量的安定化を図ることが重要であり,そのための持続可能性のある水利用構造を構築することである.量的課題には,常に次の3つの健全性が問われなければならない.

① 位置,存在の健全性.
② 使用,活用の健全性.
③ 移動,循環の健全性.

水源涵養や貯留といった切口は,位置や存在形態との関係で地域的偏りや季節的変動への適切な対応,機能として健全化が評価されることとなる.

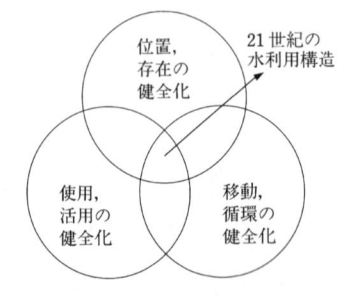

図-2.2 3つの健全性と水利用構造

さらに,土地利用用途や開発状況は,水の移動,循環の健全性との関係で流出の量的問題と深く関わるし,生活,産業の水利用は,取水,排水口の位置や季節

的利用法によって量的不均衡の直接的要因となっている．21世紀は，これらの健全性をともに向上させるシステムや技術によって量的制御の解決が図られるべきである．

質的水問題は，21世紀の社会システムのあり方で触れたように，「生物の生存」に関わる重大問題として問われている．特に富栄養化と微量有害物質の除去を確実にすることにより，すべての水が有効な資源として繰り返し利用でき，健全な水循環に還元できる．量的問題の解決には，質的問題の解決が鍵となることから，21世紀に期待される水質改善の技術展開は，再利用される用途や目的に応じた適切性が求められる．さらにトータルな負荷量と影響度の大きさ（危機リスク）も考慮した処理技術が必要となるが，資源・エネルギー効率性も問われてくる．21世紀においてはこうした質的制御において，安全と快適をキーワードに以下の方向での技術適用や開発が求められる．

① 有害な拡散，体内への蓄積のない材料物質と無害化技術．
② 徹底した発生源対策としての負荷除去技術（面的，非特定発生源にも適用）．
③ 水のLCA（ライフサイクルアセスメント）手法（山林，農地，工場，生活のあらゆる分野に適用）．
④ 移動，循環利用がエネルギー的に最適となる処理方式と処理技術．

以上の制御技術の適用により水質改善が進み，あらゆる水の使用，利用場所で再利用，循環利用が進めば，トータルな水の総使用量は増加しても，回収率や再利用率，循環利用率の向上により有収水量，淡水補給量などの実使用量は大幅に減少できる．このことによって，現在の取水可能水量に大幅な余裕量が発生し，万一の気候的，季節的変動にも絶対的な安定性が確保できることとなる．

量的，質的な制御は，水そのものを循環の中に人工的利用循環のエリアを最適化，最小化することとなり，人為的に破壊され続けてきた20世紀の水環境を根本から再生する大きなきっかけとなる．質的制御には，山林，農地の面源負荷も発生源対策として含まれることから，当然，水源涵養の適正化として山間部の開発抑制や禁止，森林保全や開発による機能の代替対策なども必要となる．

こうした対応の結果として，21世紀には不要なダム計画およびダムなどの無水区間の解消をはじめ，豊かな水量の川の復活，多様な生物の保全，地域での水辺空間の増大など，文字どおり山紫水明の国土の復活が展望できる．21世紀は，こうした壮大な水循環の健全化を図る第1歩と考えられる．

(2) 自然浄化技術と水循環[5]

　生態系の多様性は，有機物合成と食物連鎖によって生物社会に物質循環のシステムを形成していることから，人間にとっても貴重であり，不可欠な要素である．(**図-2.3**)．哺乳類から微生物，細菌類まで組み込まれた巨大な物質循環のシステムは，生物の誕生から35億年の歴史と「種」の進化が各自の「種の保存」を目的として繰り返され，そのことが各自の「種」を結果として持続可能な発展となるように方向づけてきている．

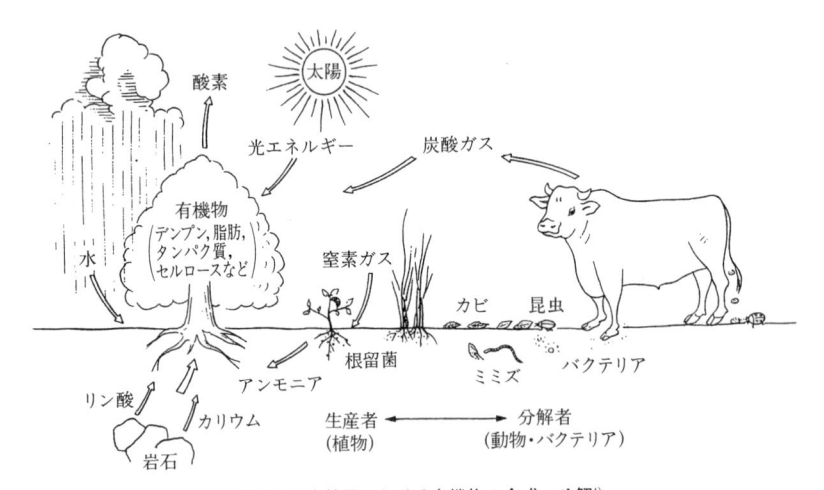

図-2.3　自然界における有機物の合成・分解[4]

　現在ではビオトープをはじめとして生物界での多様性の保存メカニズムが理解されつつあり，生物の多様性を生かした対応が結果として最善の浄化機能とされるように理解が進んでいる．また，自然の環境容量の大きさは，生態系の多様さによって決まると考えられることから，真の水環境の創造は，自然との共生が整備理念として定着する必要がある．

　私たちが活用している活性汚泥法などの浄化技術も生物の生存，繁殖機能を最大限に活用した技術である．これまでの多くの水質浄化技術は，生物機能を活用したものがベースとなっている．特に土壌生態系や植物による物質固定と浄化機能が著しい．河川の瀬や淵，蛇行流，氾濫原や河口の湿地帯，内湖などは，洪水という水循環のプロセスと連携して河川浄化，水質浄化に貢献してきたことが明らかになってきたし，湿地性植物群も浄化に大きな役割を果たしている．点源負

荷対策を中心とした近代下水道技術により負荷は，もうすぐ高度成長期以前の家庭排水，工場排水負荷以下に低減されると考えられているが，河川，湖沼では元の水質には戻らないといわれている．これは水辺を含む水環境の状況が昔とは異なり，自然としての浄化機能を発揮できる空間やメカニズムが失われた結果とされている．さらに，自然界での降雨，流出，洪水，氾濫，さらには水界生態系の営みを含む自然の水環境が変化した結果ともいわれている．明確な証明は，今後の課題となっているが，自然界の浄化機能とそれを支えてきた水環境の健全さが失われたことが，現在の結果を招いているといえる．

21世紀では，生物と共生した物質循環の適正化を踏まえた自然界の水循環を取り戻すことこそ急務である．生物の多様性確保を基本とした自然の浄化，循環機能の再生方法を確立し，面的で総合的な水環境への対応が求められる．

2.1.3 水環境創造の制御と管理

(1) 水環境の監視と管理のあり方

21世紀の水環境は，量的，質的問題の解決とゼロエミッション的アプローチによる循環型水利用構造の社会システムで支えられることを方向づけてきた．こうした環境技術の適用と社会システムとしての制度を個別技術，局地的なシステムとして積み上げて環境制御がうまく社会的に機能することは一般に困難である．各自の自由な活動を活発化させながら，適切な制御を実施していくには，管理手法や管理技術が必要となる．21世紀は，20世紀技術の見直しと同時に社会的な環境管理の明確な手法を構築する時代でもある．

1996年(平成8年)に国際規格として制定されたISO 14001は，環境管理の自主的な改善を目指す環境マネジメントシステムとして普及しつつある．このマネジメントシステムでは，自主的に自らの環境方針を定め，改善の目的，目標を設定して運用することを規格の条件としており，マネジメントサイクルといわれる計画(P)，実行(D)，監視(C)，見直し(A)を繰り返し実施することにより継続的改善を達成することを目指している．こうした環境管理手法が民間規格として成立し，自主的対応で環境改善に努力するシステムは，今後の地域的な環境管理に応用できる．

地域の環境は，本来，地域の住民が主体となり，行政や企業とパートナーシッ

プに基づいて自主的に監視，改善していくことがベストであり，規制や強制，行政的圧力による改善よりはるかに優れている．21世紀の環境改善，環境創造の基本は，「自主的」，「自立的」，「自覚的」な努力が基礎となって実施されなければ「持続可能な発展」は実現できない．NGO，NPOなどの多様な参加とあわせて，住民の意思決定や環境監視のあり方が適正な環境制御に役立つと考えられ，実践的なモデルづくりの時代でもある．

　国土という私たちの共有財産は，本来，国家のものでも誰のものでもなく，共有財産としての共同利用資産である．特に川，湖沼，海の水は，生命の源泉として私たち人間だけでなく，地球上の生命体の共有財産であり，その管理は，善意な活動ができる人間に委嘱されたのかもしれない．しかし，現在までは利用，環境を人間の利益のためにのみ活用したことへの弊害として水環境問題が顕在化した．したがって，21世紀には，総合的で自主的で，かつ確実な環境制御が可能なシステムを管理手法として構築すべきと考えられる．

　私たちは，ISO 14001の実績を参考に，地域全体，流域全体を1つのエリアとして総合的で有効な地域環境マネジメントシステムを方向づけること，およびそのシステムの中に住民による自主的な環境監視や環境施策への参加を含む意思決定権が有効に働くマネジメントシステムとなることが求められている．

(2)　水環境創造技術と水環境管理

　これまで述べてきた新しい社会システムや水環境技術，環境管理は，自然の生態的メカニズムや循環機能を経済的な内部化を伴いつつ，社会システムの中に技術的展開を図ることを意味している．技術そのものを資源・エネルギー効率の最も良い方向に発展すべきとして，1995年(平成7年)にワイツゼッカー，エイモリー・ロビンスらは，「ファクター4」(豊かさを倍にし，同時に資源の消費を半分にすることによって資源生産性を4倍にする行動)の実現などを提案している[5]が，水環境の改善や水循環の健全化に向けた21世紀の技術適用もこうした資源・エネルギー生産性からの視点と，外部不経済の内部化を本格化して具体化する必要がある．

　既に20世紀技術は，研究段階では浄化に関しては膜技術によって汚濁物質の究極分離技術が確立し，超臨界水による分解除去技術までも達しようとしているが，高エネルギー消費，分離された汚泥の処理とその再利用という問題を残して

いる．高度な浄化は，厄介な汚泥の発生がセットとなった方式であり，こうした方向からの脱却として，ゼロエミッション産業の創設と生活空間にクリーンプロセス化を図ることを目指した「水のゼロエミッションアプローチ」[6]が提案されている．

21世紀の水環境創造技術やシステムは，技術のグリーン化と「ファクター4」に示された資源・エネルギー生産性の向上とを備えたゼロエミッションアプローチが主流になると考えられるが，これらを自主的に誘導し，確実に定着していく環境管理の手法の確立が求められている．

水というきわめて貴重な資源を人間だけが自由に無制限にやりたい放題に使えるとする意識を改革するとともに，表-2.3に示すステップで技術の改良とシス

表-2.3　発展過程における技術適用のイメージ

発展過程	技術適用のイメージ
ステップ1	・新しい日常節水型ライフスタイルの構築． 　現在の使用水量を減少するのではなく，家庭内の水源と水使用プロセスを見直すことにより実水道使用量を削減する（エネルギー消費なども考慮する）． ・家庭雨水貯留と家庭内カスケード・循環利用システムの構築． 　給水原価に見合うシステムの合理化．主としてトイレ用水，洗濯排水，風呂排水，散水を見直す．
ステップ2	・家庭排水への有害物質，富栄養化物質が混入するプロセスの見直しと改善． 　トイレ排水，洗濯排水，調理排水の量と質および使用材料を検討し，水の代替物利用を含め，排水量と質的負荷を削減する．
ステップ3	・工業用水，農業用水，公共的水利用における新しい節水型社会システムの見直し． 　これまで検討されてきた雨水の貯留や水の循環，カスケード利用，再生利用などの手法を個別施設から社会構造への適用に拡大し，社会システムとして定着させる．水の使用効率の向上とあわせて淡水補給水量（実使用水量）を削減する．
ステップ4	・個別処理技術のクリーン化と資源・エネルギー効率の改善および再生，処理資源の流れ（静脈プロセス）の適正化，産業化． 　20世紀技術の課題を根本的に解決する新しいチャレンジを開始し，水界生態系やすべての生物に対しても影響のないクリーンな個別技術と地域的なグリーン連携技術システムを完成させる．特に処理された後の汚泥やスカムなどの不要物質の分解，資源化に注目した流れをシステムとして構築する．
ステップ5	・点源，面源などのあらゆる汚染源と森林，農地，土壌から出る水を対象として新しい負荷削減型社会システムへの見直し，改善と地域的な汚濁プロセスや流域的な社会システムでの環境マネジメントシステムの適用． 　特に有害物質，富栄養化物質の公共水域への流出プロセスと負荷発生メカニズムを把握し，材料の改善，プロセスの改善，監視システムの改善および管理のルール化，処理方法の改善を含む総合的なマネジメントシステムの見直しにより，「汚染者負担」の徹底と外部不経済の内部化（経済的手法による制御技術）を推進する．

テム化を検討し，再資源化と処理水の水循環への還元および自然な水景観や生態系が保全される水循環をイメージできる水利用構造をつくりあげるべきである．そのためには，処理と資源化，再利用と自然の水循環に還元されるプロセスを適切に管理できるマネジメントが必要である．21世紀は，適切な環境マネジメン

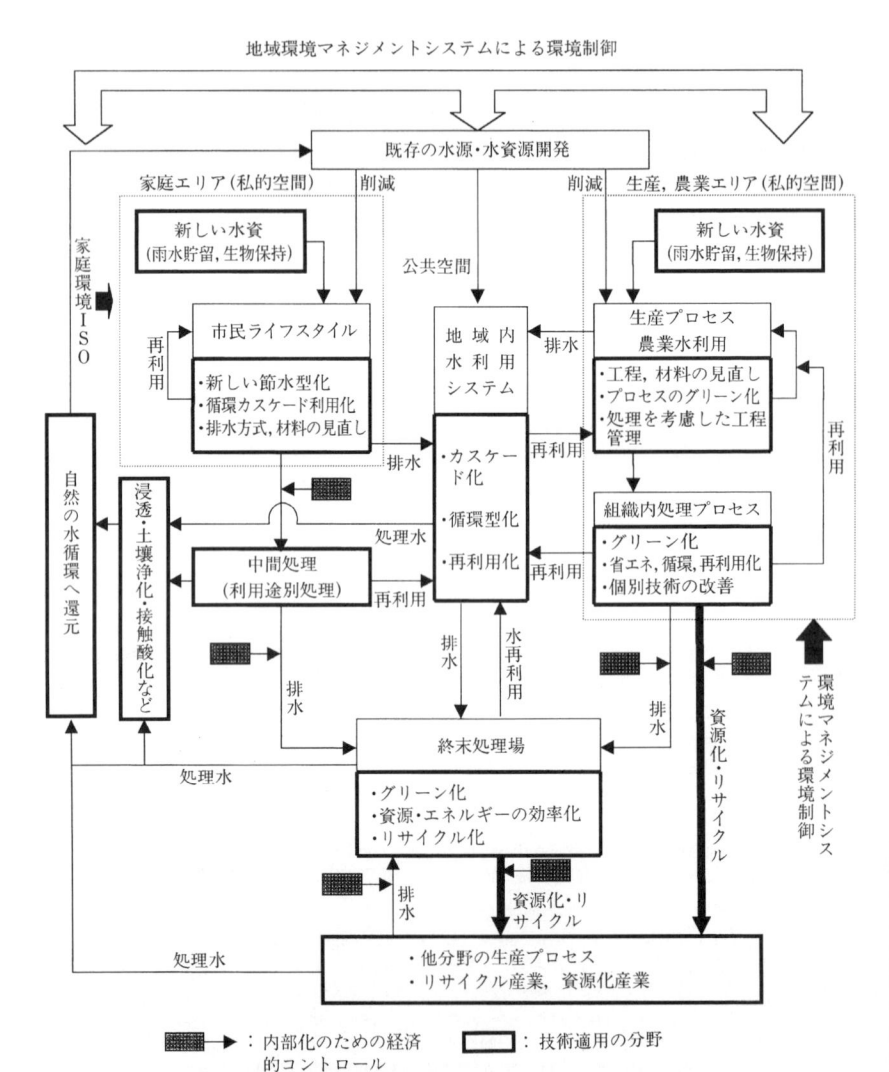

図-2.4 水環境創造技術と環境マネジメントシステムの適用イメージ

トシステムによる水管理を流域や地域単位に構築することにより，システムと技術適用の確実な実施を図るべきで，それらの適用イメージは図-2.4に示す．提案したシステムには，家庭エリア，公共空間のそれぞれにグリーン技術と循環利用および経済的コントロールを活かした仕組みを導入している．

2.2 量的，質的制御からの技術的展望

> 21世紀の量的制御は，新しい水需給計画に基づいて考える必要がある．森林，農地，市街地などで水源涵養対策を実施するとともに，河川，湖沼，ダム・堰・広域利水，再生水も含む水資源の有効利用を行い，水道，工業用水道，農業用水，雑用水などの安定給水と施設の効率的制御を図る必要がある．
>
> 21世紀の質的制御は，水環境や自然環境に対する流域住民の保全意識の醸成を反映した総合的な水環境保全計画に基づいて実施する必要がある．汚染の未然防止，水質モニタリング，水質浄化対策，閉鎖性水域の富栄養化防止対策，微量有害物質対策，海域の保全対策などを実施する．
>
> そのうえで，水量と水質の総合的な制御に向け，美しい水環境創造への取組みと，河川や湖沼の管理・運用を今後は流域統合管理としていく必要がある．また，水道，工業用水道，下水道事業などでは，より効率的な運営とサービスの向上を図るため事業の再編成を行い，さらなる発展を必要とする．

2.2.1 水量制御のあり方

(1) 水需給計画策定

21世紀の水需要は，全体的には頭打ちの状態が予想されるが，それだけに必要水量の安定供給と水関係施設の経済的運用が求められる．このため，基本となる水需給計画が重要であり，国レベルと流域単位での計画を策定する必要がある．

今後必要な計画は，50年先程度を目標とする超長期計画（目指すべき目標），

10年先程度を目標とする長期計画(施設の具体化)，5年先ぐらいを目標とする短期計画(事業の実施)の3つが必要である．そしてこれらの計画は，流域住民の意向を反映させるとともに，社会の変革に柔軟に対応できるような仕組みを持った計画とすることが重要である．

(2) 水源涵養

水資源の安定的確保には，降水量に依存するだけではなく，流域単位で必要量を定め，森林，農地，市街地などでの水源涵養対策を実施する必要がある．

森林では，必要面積の確保，伐採の規制，保全，適正な管理育成などによって浸透貯留域の確保，土壌の安定化，里山の回復と保全などを進める．

農地では，必要水田面積の確保，循環灌漑，反復利用，排水方法などの変更によって水源涵養機能の増強，汚濁の削減，農薬使用の削減を行う．

市街地では，水源涵養機能を確保するため，地下浸透面積の確保，地下浸透施設の整備を行うとともに，自然生態の回復と創造，面源負荷削減などのために，市街地内に池，沼，緑地，湿地帯などの設置が必要である(写真-2.1)．このため，大規模開発，ビル・住宅などの建設時には，必ずこれらの設置を義務づける法的措置が必要である．

写真-2.1 市街地における池

(3) 水資源の確保

21世紀には，地域により水需給の増減が予想されるが，水資源の確保には次のような施策が必要である．

現在の水資源開発計画は，10年渇水を基本として開発水量が決められているが，最近の少雨傾向の期間では必要量の確保が難しく，少なくとも50年先ぐらいを見通した計画を策定し，長期的展望による水資源の確保を図る．

水需要の増加には，まず既存の水資源の活用と再生水利用を含めた水需給計画の中で用途変更や既存施設の有効利用で対応できないかを考え，そしてなお不足する場合は，隣接する流域も含め新規水資源開発の検討を行い，地域住民の理解と協力を得ながら水資源の確保を図る．

21世紀にはますます水利用は多様化し，水資源の有効活用を図るため，既存の水資源の用途変更について柔軟に対応できるように縦割りの法制度を改め，手続きを簡略化し，有効利用を促進する．

地球温暖化による異常気象の水資源への影響は，異常渇水の発生と気温上昇による水需要の増加などが考えられる．このため，渇水調整ダムの建設，異なる水系間の水資源相互融通施設の整備，多拠点水源供給システムの整備などを行い対処する．

(4) 水の安定給水

20世紀末の水道の普及率は100％近くになり，安全な水の安定給水と水道施設の経済的運用がより必要となってくる．このため，次のような施策が必要となる．

水道は建設・整備の段階から維持・管理の段階に入ったといえる．この際，施設の経済的運用を図るためには，既存の水道施設の見直しを行い，整理・統廃合を実施し，効率的運用を行う必要がある．

日本の河川や湖沼の水質は，高度経済成長以降大きく変化してきた．水道においても安全な水が給水できるよう，既存の浄水処理法にとらわれることなく，生物処理，オゾン処理，活性炭処理，膜処理などの浄水処理法の採用も検討し，原水水質に応じた最適な浄水方法を導入する．

特に大都市圏域や都市地域では，富栄養化の影響や微量有害物質汚染が予想される水道において，既存の浄水処理に加え，高度浄水処理施設を整備し，安全でおいしい水を給水する．

また，異常渇水・地震・大規模火災などの災害や水源水質事故などの対策として，広域的な水源監視，警告，警報システムの整備，水源の複数化や異なる浄水場間および隣接する他の事業体との連絡管の整備など，安定給水のための危機管理体制を整備する．

工業用水道の水需要は，全体的に頭打ち状態または減少傾向にあることから，水利用の拡大と既存施設の効率的な管理・運用が必要である．このため，工業用

水を都市用水や環境用水に活用する柔軟な対応が必要である．また，事業や施設の整理・統廃合を進め，安定供給と経済的な運用を図る．

農業用水は，用排水分離施設から水源涵養機能や環境保全機能の充実を図るため，循環灌漑，反復利用を行う取排水施設，ため池の整備を進める．

2.2.2 水環境制御のあり方

(1) 水環境保全意識の醸成と計画策定

21世紀の水環境制御は，まず流域単位において行政，企業，団体，マスコミ，地域住民などの関係者が水環境の改善や保全に対し，これを確実に推進するという意識の醸成が必要である．そのためには，水環境情報の共有，意思の疎通，積極的な参加・参画が必要である．

そのうえで，流域単位における総合的な水環境保全計画を策定し，計画的な保全を進める．この計画では水環境の保全に加え，自然環境と景観保全も視野に入れて，保全，復元，修復，創造のみならず，中断，変更，中止などの再評価も可能な計画とする．

(2) 汚染の未然防止

これまでの水環境制御は，後追い型の対策であったが，21世紀には汚染予防型の水環境制御が必要である．

このため，汚染源は究極的には陸域であることから，流域の陸域を含めた総合

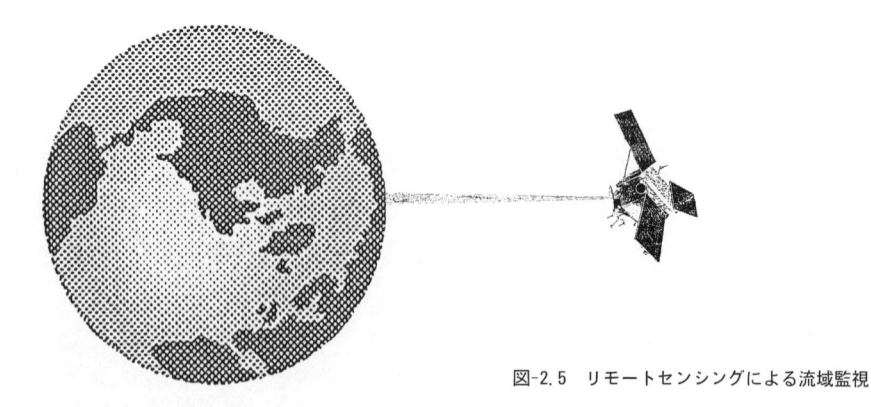

図-2.5 リモートセンシングによる流域監視

監視のための流域汚染監視システム(リモオートセンシング活用など)の設置が必要と考えられる(図-2.5). そして, 流域の汚染源に対しては, 汚染源監視, 立入り検査, 事業停止, 排水禁止などの権限の強化を図り, 発生源で未然に防止する.

また, 汚染予防のもうひとつの対策は, 流域住民の水に関するライフスタイルを変革することである. 低汚染ライフスタイルの普及には, 地域住民, 企業などの協力が得られるよう, 行政体はその手法と効果を提示し, 身近なところから実施する.

(3) 水環境監視・測定

最近の河川・湖沼などの水環境の動向は, 既存の観測体制だけでは解明できない現象が発生している. このため, これまでの観測体制を見直し, 新たな観測体制を確立し, 実態の把握に努める必要がある. また, 広域的な汚染に対しては, 流域単位で水質モニタリングシステムを整備し, 観測機能だけでなく, 警報・警告機能などもあわせ持つシステムとする必要がある.

(4) 水質浄化対策

河川や湖沼の水質浄化には, まず汚濁原因の究明が必要である. このためには, 発生源別流入負荷量を算出し, 汚濁原因を明らかにして, 原因別の効果的な削減対策を確実に実施しなければならない.

日本の水質浄化対策は, 当初は点源負荷削減対策を中心として汚水処理施設の整備が実施してきたが, 閉鎖性水域や水道水源となっている湖沼や河川では, これらの対策では水質改善に限界があることが明らかになってきた. このため, 次のような水質浄化対策を実施する必要がある.

今後, 水利用に伴い発生する汚水は, 用途や使用量に関わらず必ず汚水処理を行い排水することを義務づける.

これまで実施されてきた水質浄化対策の中心的な施策である下水道は, まず合流式排水方式の改善が必要である. 都市の再開発事業などにあわせ分流式に変更するとか, 合流式の放流部に貯水池や汚濁物質除去の補助施設を設け, 市街地からの負荷削減を図る.

下水処理場などの汚水処理施設からの放流は, 少なくとも放流先の湖沼や河川の環境基準以下の水質にまで浄化する必要がある. このため, 各汚水処理施設で

写真-2.2 面源負荷対策．山林の適正管理・保水機能の保全

は，高度処理または超高度処理が必要であり，さらなる水質浄化技術を開発する必要がある．

そして，新たな水質浄化対策として，森林，農地，市街地などで本格的な面源負荷削減対策を実施する必要がある．これには，流域単位の面源負荷の実態把握，流出負荷特性調査，発生源別負荷量の算出，負荷削減対

(a) 畦畔濁水防止．農業排水の流出を防ぐ

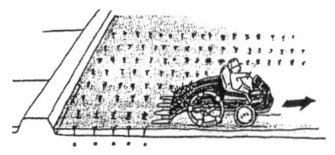

(b) 施肥方法の改善．施肥田植機の利用

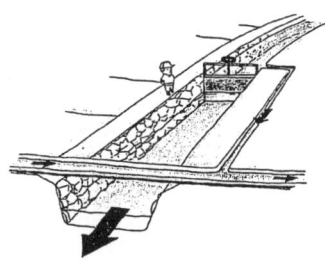

(c) 反復利用．農業排水を下流の用水として利用する

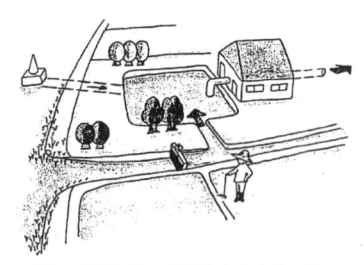

(d) 循環灌漑．農業排水を上流へ送りリサイクルする

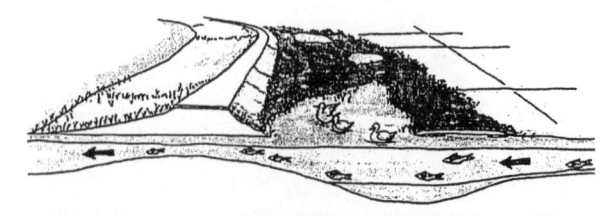

(e) ウェットランド．湿地は水質浄化や貴重な動植物の生息場所

図-2.6 農地における面源負荷対策(出典：滋賀県，「水田は琵琶湖を守る…みずすまし構想」パンフレット)

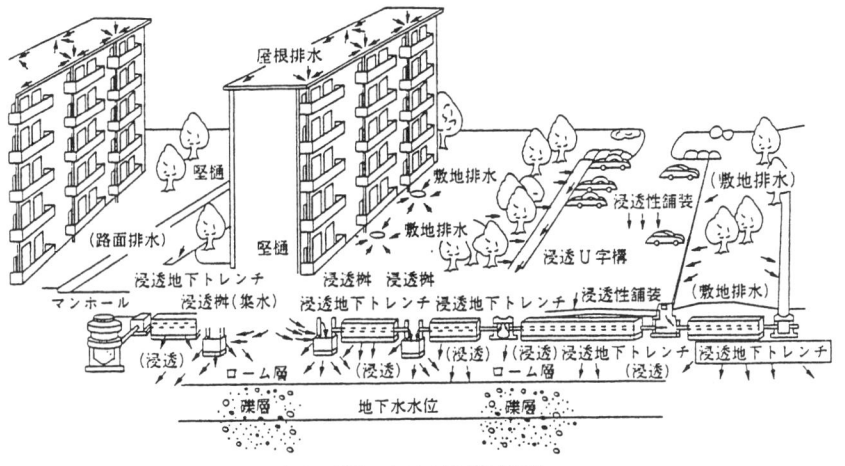

(a) 団地における地下浸透工法

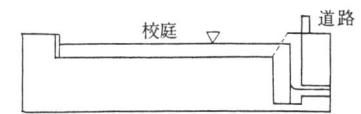

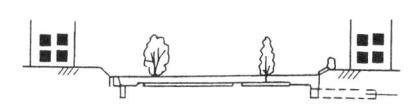

(b) 大阪市瓜破西小学校の校庭貯留　　(c) 大東市住道駅前住宅の棟間貯留

図-2.7　市街地におけるオンサイト型貯留施設の設置事例
(出典：岡太郎・菅原正孝編著，都市の水環境の新展開，技報堂出版，1994)

策手法の開発，事業化のための制度などを確立し，推進する．

(5) 閉鎖性水域の富栄養化防止対策の推進

閉鎖性水域の水環境改善は非常に難しい．そのため，点源および面源負荷削減対策と生態系の保全をあわせた総合的な対策を推進する必要がある．

閉鎖性水域への汚水処理水の放流は，下水処理，工場・事業所排水処理，生活排水処理，農業集落排水処理などの各種汚水処理において高度処理または超高度処理が必要であり，そのための技術開発が求められている．

また，これらを実施しても水質の改善がない場合は，各種の汚水処理水が閉鎖性水域に入らないように水路やバイパスを設け，水域外へ放流することを考える．

さらに，部分的な水域の富栄養化現象の発生には，関連流域を限定した水環境改善行動計画などを策定し，下水道・農業集落排水・生活排水などへの超高度処理の実施，市街地排水浄化・河川直接浄化・底泥改善などの徹底的な水質改善対策を実施するなど有効な富栄養化防止対策が必要とある．

(6) 微量有害物質および病原性微生物対策の推進

20世紀の後半に問題化し，その解決が求められているのが微量有害物質および病原性微生物対策である．

現在は様々な調査や研究が実施されている段階であるが，湖沼・河川流域の発生源監視と運命予測，微量有害物質および病原性微生物の削減または除去技術の開発と施設の整備，廃棄物処理システムの開発などが必要である．

また，現在，日本の上下水道は，水道の取水口が下水の放流口のすぐ下流にあるなど危険な状況にある．今後，微量有害物質および病原性微生物対策の検討の結果，水道の取水口の上流に汚濁源があることは好ましくないという結果が出た場合，既存取排水システムの再配置の検討を行い，必要であれば取水・排水分離施設の整備を行う必要がある．

(7) 河川や湖沼の直接浄化対策

湖沼の直接水質浄化には，これまでのダム湖などで実施されてきたものに加え，ソフトエネルギー(ソーラー，風力，波力など)を利用した水流による水質改善，湖沼の流入口に設ける副ダム・内湖などによる水質浄化が必要となる(写真-2.3)．

写真-2.3 ソフトエネルギー水質浄化施設

また，河川の直接水質浄化には，面源負荷を含む汚濁の約3分の2程度が初期降雨の流出によるものであることから，これを取り込む貯水池を設け浄化を図ることや河川に浄化施設を設けるなどを実施する必要がある．

(8) 海域の保全対策

東京湾，伊勢湾，瀬戸内海などの閉鎖性水域では，20世紀後半以降悪化したままの状態が続き，その改善は21世紀の課題として残されている．

このため，これまでの汚濁負荷の水質総量規制，富栄養化防止，底泥の浚渫などの対策に加え，沿岸部の自然環境の回復と創造，海域の直接浄化などの対策を推進する必要がある．

2.2.3 量と質の総合制御に向けて

(1) 湖沼・河川の流域統合管理

これまで日本の河川や湖沼の管理や水質の保全は，行政区域単位や用途別に実施されてきたが，水の有効利用，水関係施設の効率的運用，さらなる水環境保全の推進には，流域統合管理が必要である．

a．流域水統合管理組織の設置　従来の行政組織を越えた広域的な流域統合管理のための組織を設置する必要がある．そして，この組織を中心として統合的な水管理や水環境保全を実施すべきである．

b．流域の水需給と水環境保全計画の策定　流域管理と水環境保全の基本となるのは，水需給計画(水需要予測，水資源開発，施設整備)の策定と総合的な水環境保全計画(水質保全，自然環境保全)の策定である．

c．流域統合管理システムの整備　流域の水量と水環境の統合管理の実施には，その中心となる水関係施設の統合管理システムの整備の必要がある．この統合管理システムは，流域全体を対象とした気象情報システム，水環境モニタリングシステムをはじめ，水量管理施設と水環境保全施設の総合管理システムを整備し，流域の合理的な水量管理と効果的な水環境保全対策を推進するものである．

d．流域住民の参画と連携　有効な水利用と水環境保全には，流域の行政，企業，団体，学識経験者，住民，NGO，NPOなどの参画と連携が必要である．このため，交流や連携を図る組織を設置し，水環境情報センター(情報の収集・

整理・提供，メディアと連携などの機能を持つ)を設け，流域住民や各種団体，行政などとの情報の共有化と交流もあわせて行い，流域共同取組みによる水環境保全を推進する必要がある．

(2) 水道，工業用水道，下水道事業の再編制

a．**水道，工業用水道，下水道事業の再編成の必要性**　日本の水道や工業用水道，都市圏の下水道は，建設・整備が進み，給水区域や排水区域も連携し，普及率も100%近くになり，建設・整備から維持・管理の段階に達している．このため，水の安定給水と合理的な施設の運用，適正な取水・排水処理，水環境の保全の推進，需要家へのサービスの向上などを図るためには，事業の再編制が必要である．

b．**水道，工業用水道事業の再編制**　現在，日本のほとんどの水道や工業用水道は，都道府県や市町村営の個別の事業として多数が運営されており，一部では施設の管理・運用の民間委託も行われており，これが最近増加してきている．こうした状況から，さらなる効率的な事業経営を行うためには，水源流域，給水区域，需要家の意向などを考慮し，最適規模の事業体への合併または統合を進める必要がある．

一方，現在の事業主体である都道府県や市町村は21世紀には行政改革のために合併や統合などが進み，水道や工業用水道も再編成が行われることも考えられる．

さらに，より効率的な事業運営を行うためには，経営規模，給水区域，施設の運用などについて検討を行い，関係者の合意が得られれば民間企業として運営することも考えられる．

c．**水道，下水道事業の一体化**　現在，日本の上下水道は，料金が一括して徴収される仕組みになっており，給排水施設としても連携しているため，需要家からみると一体的な施設とみなされている．しかし，これらを建設，管理している地方自治体では，水道は『公営企業法』に基づく独立事業として，下水道は公共事業として建設し，管理は独立会計で，それぞれ個別に運営されている．

しかし，上下水道の管理運用の一体化が地域住民へのサービスの向上につながり，水供給と排水処理の一体管理が水環境の保全に貢献することが明らかになり，関係者の理解と協力が得られた場合，上下水道の一体化が必要となる．

2.3 生態系と共生する水環境整備の方向

　21世紀の水環境の整備には，20世紀の点源負荷対策を中心とした水質保全対策だけでは改善に限界があることが明らかであり，これまでの対策に加え，新たに面源負荷対策の推進，生態系と共生する水環境の保全や整備などが必要である．

　水環境における生態系の保全のためには，生物生息地の保全，生物多様性の保全，固有景観の保全，水環境利用の適正化などが必要である．水環境に関わる生態系の保全と創造の方法には，ビオトープ（生物生息地）の保全と創造，エコトーン（水域と陸域との推移帯）の保全と創造，市街地の緑地や池を中心としたビオトープの整備，地域固有の生態系復元の支援などが必要である．

　また，今後私たちが生態系との共生を図るためには，水環境における生態系との共生規範に基づいた行動が求められる．

2.3.1 水環境整備における生態系と共生の必要性

(1) これまでの水環境保全対策の限界

　20世紀において水環境が悪化してきた状況については第1章で詳しく述べている．その水環境の悪化と相まって，自然環境の破壊が進行し，地球環境の基本となる生態系は大きく変貌し，その質的低下が顕在化している．

　一方，人々のアウトドア指向はますます高まり，水辺の利用，水域の利用，美しい景観への欲求など，自然生態系に関わる環境，特に水環境の保全と創造に対する期待が高まり，その実現が強く求められている．

　21世紀においては，従来行われてきた水環境保全対策の限界に対する確認と新たなる方向性の確立が急務となってきている．

(2) 面源負荷削減対策の必要性

日本では,これまで湖沼や河川の水質保全対策として,排水の規制や下水道の整備などの点源負荷削減対策が進められてきたが,一部で改善がみられるが,全体的には現状維持あるいは悪化の状態であり,さらなる改善を進めるためには,新たに面源負荷削減対策が必要になってきた.

面源負荷削減対策は,山林,農地,市街地などにおいて実施する必要があるが,その対象が広範囲にわたり,削減技術の開発,事業化,制度の創設などを早急に推進する必要がある.

また,面源負荷削減対策は,自然生態系の保全・修復・創造と深い関わりがあり,それらの状況と連携しながら実施する必要がある.

(3) 生態系の保全と創造の必要性

都市化の進行や各種開発行為によって自然環境が破壊あるいは減少するに伴い生物生息地は減少し,生物多様性は損なわれ,固有景観は少なくなってきている.

自然生態系を保全し,創造するためには,まず生物生息地を確保することが必要である.また,既に進められている開発や人工的な自然生態系の創造などの既存施策についても,本当に自然生態系の保全や創造にとって有効かどうかの再評価・検討を行い,中断,変更,中止などの措置を講ずることも必要である.

次に,生物多様性の保全するためには,それぞれの地域の固有種,在来種の保護が必要であり,外来生物の導入禁止や排除なども行わなければならない.

さらに,固有景観の保全・復元を図るには,景観のみならず,それを支える地域特性に対応した生態的構造を保全することも必要である.

2.3.2 水環境における生態系の保全

(1) 生物生息地の保全

生物生息地の保全(写真-2.4)には,生物生息地の量的確保と質的向上,そして人が適正に関わることが重要である.

生物生息地を量的に確保するためには,自然の復元力が発揮できる状況を実現することが大事であり,そのためには,地域の現況,潜在的動植物相の詳細調査を行い,その調査結果を踏まえて個々の種が要求する生息地の広がりや配置を把

握する必要がある．

　生物生息地を質的に向上させるには，同様に自然の復元力が発揮できる状況が必要であり，地域の実情に即した適正な支援，維持・管理の推進，きめ細かい配慮を十分講ずることが第一である．

写真-2.4　淀川のヨシ原

　生物生息地と適正に関わっていくためには，地域住民の責務の確認，歴史的生命文化複合体として位置づけ，生息地活用のための基本的なルールづくりなどを推進する必要がある．

(2) 生物多様性の保全

　生物多様性を保全するためには，生物生息地の量的確保と質的向上，そしてその連続性と一体性を確保することが重要である．そのうえで，固有種の保全，絶

表-2.4　琵琶湖に生息する固有種（平成7年現在）[9]

* : 既に絶滅したと考えられる固有種

38種（底生動物）

クロカワニナ	フトマキカワニナ
タテジマカワニナ	オオウラカワニナ
タケシマカワニナ	シライシカワニナ
ナンゴウカワニナ	ホソマキカワニナ
ユスリカの一種	ビワシロカゲロウ
ビワオオウズムシ	オトコタテボシガイ
ナガタニシ	イケチョウガイ
イボカワニナ	メンカラスガイ
タテヒダカワニナ	マルドブガイ
カゴメカワニナ	オグラヌマガイ
ヤマトカワニナ	セタシジミ
ハベカワニナ	カワムラマメシジミ
モリカワニナ	*イカリビル
ビワコミズシタダミ	ビワカマカ
オウミガイ	アナンデールヨコエビ
カドヒラマキガイ	ナリタヨコエビ
ヒロクチヒラマキガイ	ビワコエダリトビケラ
ササノハガイ	*カワムラナベブタムシ
タテボシガイ	ビワヨコレイトミミズ

5種（プランクトン）

ビワクンショウモ
〃　の変種
〃　の変種
ビワツボカムリ
ビワミジンコ

2種（水草）

ネジレモ
サンネンモ

12種（魚類）

ビワマス
アブラヒガイ
ビワヒガイ
ホンモロコ
スゴモロコ
ワタカ
ゲンゴロウブナ
ニゴロブナ
ビワコオオナマズ
イワトコナマズ
イサザ
ウツセミカジカ

滅危惧種の保護，外来生物の駆除や規制などが必要となってくる．
　現在，琵琶湖に生息する固有種は，プランクトンが5種，水草が2種，底生動物が38種，魚類が12種存在する(表-2.4)．

(3) 固有景観の保全

　固有景観を保全するためには，それぞれの流域において人の営みの中から育まれた景観の保全，調和のとれた景観の形成，無秩序な景観整備の防止などが重要となる．

(4) 水環境利用の適正化

　水環境を適正に利用していくには，水環境を保全する意識の醸成，賢明に利用するためのルールづくり，保全活動参画の方法の確立などを推進していくことが重要となる．

2.3.3　生態系の保全と創造の方法

(1) 生物生息地の区分と特性

　生物生息地は，山地森林，平地・丘陵地，河川・河畔林，湖辺域，沖帯などがあり，それぞれは次のように区分される．
① 山地森林：山地，森林に区分される．
② 平地・丘陵地：水田・里山林・社寺林・ため池，市街地の緑地や池に区分される．
③ 河川・河畔林：河川，河畔林に区分される．
④ 湖辺域：水草帯，砂浜・湖畔林，湿地，水田・水路に区分される．
⑤ 沖帯：表水帯，深水帯，深底帯に区分される．

(2) 生態系のモニタリング

　生態系を保全し創造するためには，地域の生態系の実態を把握することが必要不可欠であり，水質保全，水源涵養，自然環境と景観などに関するモニタリングが重要である．
　モニタリングは，まずこれらの関係先でこれまで実施された各種調査・研究資

料の収集を行い，これに基づいて計画を策定する．その計画を地域住民の参加・参画を得た継続的な取組みとして，現地調査などの具体的検討を行いながら実施していく．

そして，各モニタリング結果を体系化，総合化し，一般の人たちにもわかりやすい報告書の形でまとめ，生態系の保全や創造のための基礎資料とする．

(3) 生態系の保全と創造の方法

生態系を保全し創造する方法として，「ビオトープの保全と創造」，「エコトーンの保全と創造」，「市街地の緑地や池を中心としたビオトープの整備」などが考えられる．

a．ビオトープ（生物生息地）の保全と創造

自然の復元力が十分発揮できるような生態系を実現するため，地域の現況および潜在的動植物相の調査を実施し，その結果を踏まえて固有種が必要とする生息地の範囲や配置を確保することが必要である．そして，自然への適正な支援として，植物の植栽・育成，在来種の稚魚の放流，生態系を阻害するものの除外，昆虫など身近な生物が生息できる配慮などを行い，生物生息地の質的向上を図ることが必要である（写真-2.5，2.6）．

写真-2.5　琵琶湖のビオトープ

写真-2.6　琵琶湖の新たなビオトープ（琵琶湖・淀川水質浄化共同実験センター）

b．エコトーン（水域

写真-2.7 琵琶湖のエコトーン

写真-2.8 市街地のビオトープ

と陸域との推移帯)の保全と創造　エコトーンは，生物の繁殖・育成・生息などの場所として最も重要である(写真-2.7)．このためエコトーンを保全するためには，生物生息地の確保と生物多様性の保全が必要である．また，創造するためには，固有種をはじめとする在来生物の生息環境の回復，固有景観の復元などの施策が必要である．

c．**市街地の緑地や池を中心としたビオトープの整備**　かつては都市にも自然生態系としての緑地や池など多くのビオトープが存在した．しかし，都市化の進行に伴いほとんど消滅した．市街地において自然生態系を回復するためにも，また，面源負荷削減の対策としても，緑地や池を中心としたビオトープを回復し創造するための整備が必要である(写真-2.8)．

その方策としては，新たな開発行為やビルの建設時には，緑地や池を中心としたビオトープの整備を法律などで義務づけ，地域固有の自然生態系の復元を図ることが考えられる．

(4)　**地域固有の生態系復元の支援**

自然自らが生態系をつくり出すという認識のもとで自然の復元力向上への支援を行うことが必要である．一方，今後の生態系の保全と創造ためには，地域の環境学習，住民参加および参画のための仕組みづくり，維持管理組織づくり，生態

系の情報の共有化を推進し，支援体制を構築しながら行うことが必要である．

2.3.4 水環境における生態系との共生規範

水環境の生態系と共生していくためには，人の活動が生態系に大きな影響を与えていることに鑑みて，水環境を利用する際に留意すべき一般的な規範事項を定めることが必要である．

「琵琶湖の総合的な保全のための計画調査報告書」では，次のような「琵琶湖の総合的な保全における規範」(エココード)が提案されている(**表-2.5**).

表-2.5 琵琶湖自然的環境・景観保全規範(エココード)

1．琵琶湖の多様性・固有性・地域ごとの優れた伝統の尊重
　　琵琶湖には多くの生物が生息し，琵琶湖を取り巻く環境と人間の営みの中で固有の景観を形成したことを尊重すべきである．また，琵琶湖と人との関わりの中で，くらしの知恵ともいうべき琵琶湖と人との関係のありようが形成されてきたところであり，地域に根ざした多様性・固有性，あわせて地域ごとの優れた伝統(traditional knowledge)を尊重することが重要である．
2．琵琶湖へ与える影響への留意
　　琵琶湖の変化は，直接・間接を問わず，いずれかの時期に人間の営みにも影響を与えることを認識し，琵琶湖の変化を注意深くみつめ，適時適切に見直し，必要に応じて，既存の取組みの一時停止，あるいは新たな取組みへの移行などを行うべきである．
　　その際，琵琶湖の自然的環境・景観の変化は長い時間を経て現れることや，琵琶湖の恵みにより人間の生活が支えられていることを十分に認識することが重要である．
3．琵琶湖景観の保全と継承
　　琵琶湖を中心とする人々の営みが，琵琶湖固有の歴史，文化，生活，産業を生み，今日に継承されてきた．
　　21世紀初頭に向かって予測される湖岸を中心とする土地利用の変化および人口の増加に対し，美しい琵琶湖景観を保全し，次代へ継承することは私たちの義務であり，行政と住民のパートナーシップによって，その目的を達成することが重要である．
4．琵琶湖の環境・景観保全への取組みの原則
　　琵琶湖の多様性・固有性の尊重，琵琶湖へ与える影響への留意のもとに，琵琶湖における自然的環境・景観の保全に取り組むことが重要である．
　　ここでは，琵琶湖へのお手伝い，琵琶湖と共存するための作法についての原則を記す．
(1) 琵琶湖の復元力への支援(琵琶湖へのお手伝い)
　　琵琶湖の自然的環境・景観の保全は，琵琶湖が本来有する復元力への支援を基本とし，琵琶湖への影響を把握しながら，十分な時間をかけて「おずおず」と行うことが重要である．
　　当面，琵琶湖の復元力を支援するために以下の点については，特に配慮することが必要である．
・湿性草地，湖畔・河畔林，内湖，河川・水路などのビオトープの保護，保全，回復を行う．
・推移帯，流入河川，森林などにおけるビオトープのネットワークを保護，保全，回復する．
・琵琶湖固有種をはじめとする在来種の保護・育成や活用を行う．
・自然生態系に影響を与える行為をする際には，影響を最小限にとどめるためにミティゲーションにより保全を図る．
・自然生態系に影響を与える行為をする際には，生物の生息域，繁殖時期などを踏まえ，自然復元力

に配慮する.
- 生物の生息域,繁殖時期などを踏まえた工法,工期などにより施策を実施する(今後は,鋼矢板による護岸,コンクリートなどによる三面張りの水路整備は,地盤条件への対応や漏水対策などを除き,原則として行わないこと).

(2) 琵琶湖と人のくらしとの調和(琵琶湖と共存するための作法)

琵琶湖の自然的環境・景観は,自然と人との微妙な調和のもとに成り立っており,このバランスは世代を越えて保ち続ける必要がある.
- 琵琶湖で学び,遊び,生業を為し,さらには四季を感じることによる琵琶湖の存在を実感する.
- 琵琶湖の多様性・固有性を損なうものを持ち込まない(外来種の移入を禁止し,排除を進めること).
- 琵琶湖に不用意に負荷を与えない(ゴミの投棄や生活雑排水の無処理放流を禁止すること).
- 琵琶湖の生態系に負荷を与えないソフトツーリズムの推進(集水域の生態系の保全およびその回復を図るために,生態系に与える負荷が少なく,環境にやさしいソフトツーリズムを推進すること).
- 多くの生息生物とともに人もまた琵琶湖に育まれていることを想う.
- 次代の子供たちにも琵琶湖のすばらしさを伝えることを考え行動する.

これらの事項は,地域・流域の住民が行政とともに,率先して主体的に取り組むことが求められ,そのための普及啓発,仕組みの整備などに取り組むことが必要である.

2.4 水環境改善への住民参加

最近,水環境改善への住民参加の重要性が力説されているが,これは近年の水環境施策が行政と一部の企業に偏り過ぎていたことへの反省でもあり,もはや他の公共事業と同様に,経済的な観点からも効果の普及という観点からも,住民の積極的な協力なしには水環境の改善が行き詰まりをみせている.いわゆるNGO,NPOの活動が活発になり,社会的にその重要性が認められるようになってからかなりの年月が経過したが,1998年(平成10年)に法制化されたNPO法人制度は,その活性化に拍車をかけるものとして期待されている.また,公共事業の一部を民間企業に委託するいわゆるPFI制度も既に動き出しており,その効果が期待されている.もちろんこのような制度上の枠組みにはとらわれず,種々の規模で進められている住民行動あるいは住民の意識改革,協力も住民参加の重要な形態であり,法人化,企業化のみに目を奪われて地道な住民参加を過小評価しないよう留意する必要がある.

2.4.1 住民参加の必要性

(1) 家庭における汚濁源の削減努力

　日本では昭和30年代以降，全国的に水質汚濁が進行し，昭和40年代に入ってその改善策として，事業所からの排水規制と下水道整備が行われ，水質がある程度回復したが，今なお，清流とはいいがたい状況の河川や湖沼が多く存在している．現在，水質の汚濁はそのかなりの部分が家庭排水および面源負荷といわれる農地や道路からの排水に起因している．水質汚濁のかなりの部分が家庭排水に起因しているのは，人々の水質問題への関心の薄れにその原因があるものと思われる．特に都市生活においては，若干の費用を負担しさえすれば，水道の蛇口をひねるときれいな水がふんだんに供給され，また，汚水を下水道へ流してしまうと，他人がその処理をしてくれるため，多くの人々はその水源や流末がどのようになっているかを意識しなくても生活を営むことができる．このように，現代の都市生活はきわめて利便性に富んでいるが，これが節水意識や環境への配慮を希薄にしている点は否めない．今さらこの利便性を手放すことはないであろうが，その利便性の代償に何があるかを正しく認識し，その対応をみんなで考え，実践していくことが重要である．

　家庭排水の浄化を各家庭で行うことに対しては，総合効率や管理の難しさから，賛否両論があるのも事実である．例えば，家庭排水の汚濁負荷軽減策として，汚れた食器を紙でふき取ってから洗えば，水の汚れは少なくなるが，焼却ゴミが増加する．生ゴミも適切に処理すれば資源として再利用できるが，処理を誤れば，不衛生な環境をつくり出す．そこで，むしろディスポーザーによってそれを粉砕し，下水として流してしまう方がかえって良いという議論もある．浄化槽も設置当初は効果が高いが，メンテナンスが良好に行われなければ，かえって弊害があるともいわれている．

　このような点を考えると，家庭排水の浄化は，最終的には大規模の下水処理場で対処できる，あるいは対処せざるを得ないようにも思えるが，少なくとも環境問題への意識改革を図るうえで，各家庭における汚濁源の削減努力は怠ってはならないであろう．

(2) 行政改革と住民参加

従来，水環境の保全は主に行政の役割として進められてきた．しかし近年，財政および労力的な制約から，行政だけの努力では限界のあることが明かとなり，住民参加あるいは住民主導による環境改善が求められている．また，環境施策は住民の理解，協力があって初めて効果を発揮する．せっかく費用と時間を投じて整備を行っても，住民の理解していない，あるいは望んでいないものであれば，有効に利用されることもないであろう．また，多くの住民の中には，日常体験に基づく水環境改善に対する斬新なアイデアが潜んでいることも期待される．そのようなアイデアが生まれやすく，また生まれたアイデアをうまく取り上げる仕組みを考えることも重要であろう．住民の自主的な発案や合意に基づいてつくられた制度や施設の維持に対しては，住民の協力が得られやすく，その効果も大きくなることが期待される．それによって行政の負担も軽減されるであろう．

2.4.2 住民参加の手法と事例

(1) 流域の一斉清掃

水環境改善への住民参加の形態として，最も取り組みやすいものの一つとして，水域の清掃があげられる．それも流域で一斉に行えば，参加もしやすく，その効果も見えやすくなろう．

(2) 身近な水辺のきめ細かい環境モニタリング

現在，河川や湖沼などのいわゆる公共水域の水質や生態のモニタリングは，主として国，府県，市町村などの行政機関によって定期的に行われている．しかし，それには多額の費用を要することから，観測点の数や観測頻度が限られており，十分なモニタリングができているとはいえない状況にある．さらにきめ細かいモニタリングを行おうとすれば，住民の協力が不可欠であろう．その場合，専門知識や技術の不足から，精度の低下が懸念されるが，住民の意識や技術の向上を図る意味からも有効ではないかと考えられる．

(3) 情報公開，委員の公募

水環境改善への住民参加の一形態として，住民への情報公開も重要な切口であ

る．情報の公開には，掲示板や広報誌などでの結果の公開もあるが，議会や委員会などの傍聴，公聴会への出席，さらには投書や公募委員への応募など，様々な形態が考えられる．最近ではインターネットの普及により，ホームページを通じての意見の交換なども住民参加の手法として考えられる．

(4) 水環境改善への住民参加の事例

日本における近自然型川づくりの端緒となった愛媛県五十崎町の小田川では，1984年(昭和59年)に「町づくりシンポの会」が呼びかけた「漬け物石一個運動」が発展して，1987年(昭和62年)に「いかざき小田川はらっぱ基金」が制定されるとともに，「ふるさとの川モデル河川」に指定され，1998年(平成10年)に竣工式を迎えた「小田川ふるさとの川整備事業」として結実した[11]．

最近では，全国に「水辺の楽校」や「水辺プラザ」が展開されているが，これらも行政と住民のパートナーシップ型の整備として注目される．さらに，行政と市民団体などとの連携に関する具体的事例として，次のようなものが河川審議会で取り上げられている．

水環境北海道による「千歳川かわ塾」．北上川流域連携交流会・水環境ネットによる「リバーマスタースクール」．霞ヶ浦・北浦をよくする市民連絡会議による「アサザプロジェクト」．荒川クリーンエイドフォーラムによる「自主的な河川清掃」．中土手に自然を戻す市民の会による「河川敷の植生についての市民団体の自主的な設計・施工・維持管理を行う中土手プロジェクト」．多摩川センターがコーディネートする「流域懇談会による日常的な意見交換，環境保全などに関する人材育成，河川の整備計画への環境面でのアドバイス，リバーニュースによる流域全体への情報発信」．川崎水と緑のネットワークによる「多摩川二ケ領せせらぎ館の運営委託」．鶴見川流域ネットワーキングによる「情報誌による情報提供活動，河川敷の植生管理や河川の整備計画への協力，啓発イベントなどの流域交流活動」．通船川ネットワークによる「まちづくりの一環としての川づくり計画，舟運再生計画の市民団体による提案(通船川再生プラン)」．三島グラウンドワークによる「市民団体による水辺環境の自主的な整備・維持管理」．長良川環境レンジャーによる「河川管理活動」．旭川流域ネットワークによる「源流の碑建立イベントを中心にした流域ネットワークによる文化活動・教育活動」．

この中で，グラウンドワーク活動は，「住民」，「行政」，「企業」の3者がパート

ナーシップを組み，グラウンド(生活の場)に関するワーク(創造活動)を行うことにより，生活の最も基本的な要素である自然環境や地域社会を整備・改善していくもので，イギリスにおける「サッチャリズム」による強力な財政改革を背景として設立され，地域の環境改善を目的とした実際に汗を流す活動で，住民・企業・行政を含む多くの地域主体のパートナーシップにより，専門家からのアドバイスを受けながら，専門能力のあるスタッフが魅力的で高い質を持つプロジェクトの企画・推進を図る活動として，日本でも注目されている．

2.4.3 住民参加の問題点

(1) 偏った情報・知識による誤判断の危険性

住民行動，あるいはボランティア行動の利点は，その軽快さにある．必ずしも組織全体で動く必要はなく，意志のある者，都合のつく者が随時行動できる点である．しかし，その反面，不平等，無責任などの問題点を抱えている．また，偏った情報・知識による誤判断を犯す危険も大きい．

(2) 組織が確立されていない場合の継続性

住民参加が組織だってなされる場合には，それなりの継続性と責任が期待されるが，組織化されていない場合には，その発言や行動の一貫性，継続性が保証されない恐れがある．

(3) 資金確保の難しさ

住民個人あるいは比較的規模の小さな団体は，資金力が乏しく，助成金がなければ行動を継続することが難しい．これを解決するには，そのような個人あるいは団体の連携が重要であるとともに，そのような個人，団体を支援するための団体の設立も有効であろう．

(4) 若年層の社会離れ

水環境改善への住民参加を考える時，一つ気になるのが，青年層の社会離れである．最もエネルギッシュな年齢層である青年層が，ともすれば自己中心的あるいは利己的な価値観で動く傾向が強く，社会貢献への参画度が低いように感じら

2.4.4 より良い住民参加のあり方

(1) 行政と住民，企業のパートナーシップ

　水環境の改善において，行政と住民，企業はそれぞれ果たすべき役割が異なっており，その特徴を生かした行動をとりつつ，情報を共有するとともに，連携してその不足を補いあうことが重要である．行政は比較的広域性，平等，継続性をその特徴とし，住民はきめ細かさ，迅速性を特徴としている．企業は迅速性とともに，専門性，効率性を特徴として持っている．それらがその特徴を発揮して補いあえば，より良い水環境の創出に有効な手だてを見出せることが期待される．

　1998年（平成10年）に法制化されたNPO法人制度は，その活性化に拍車をかけるものとして期待されている．また，公共事業の一部を民間企業に委託する，いわゆるPFI制度も既に動き出しており，その効果が期待されている．

　もうひとつ，住民参加と必ずしも一致はしないが，趣旨に共通点の多い動きとして，地方分権の推進と他地域・異分野間の連携，交流も最近の公共事業の動向として注目される．

　もちろん，このような制度上の枠組みにはとらわれず，種々の規模で進められている住民行動，あるいは住民の意識改革，協力も住民参加の重要な形態であり，法人化，企業化のみに目を奪われて地道な住民参加を過小評価しないよう留意する必要がある．その場合，先にも述べたように，規模の小さな団体は資金力に乏しいことが多い．また，相当に努力しても住民の持つ情報量にもやはり限界がある．そこで，官公庁や財団などの資金ならびに情報支援が是非とも必要である．

　逆に住民側（利用者）が行政側（管理者）に支払う形での参加形態として，諸施設の利用料負担が考えられる．これは不特定多数の住民から徴収する税金とは異なり，受益者としての費用負担である．例えば，入園料，通行料，駐車料，トイレの使用料などの類である．

(2) 組織的な運動の展開とリーダーの養成

　住民参加をより効果的なものとするには，その運動を組織化することが有用である．それにはリーダーの存在が不可欠であり，さらにその輪を広げ，継続的な

ものとしていくには，新たなリーダーの養成が必要である．ことに若者の中からリーダーを養成することは，急務の課題であると思われる．

(3) 市民団体のネットワーク化による情報の共有と交流

個々の市民団体の規模を大きくすることは，かえってその柔軟性を損ね，動きを鈍くする恐れがある．それよりは，数十人程度の規模の団体をいくつも組織し，それらをネットワーク化して，互いの情報を交換し，場合によっては共同で行動するのが効果的であると考えられる．

(4) 世代を越えた水文化・伝統の伝承

水環境の改善には，ある特定の世代だけでなく，すべての世代が一致してその改善に取り組む必要がある．ことに青少年層はかつての比較的良好とされた水環境あるいは自然環境における原体験が乏しく，現代のきわめて人工的な水環境，さらにはいわゆるバーチャル環境に甘んじていることが少なくない．これを脱却するには，経験豊かな熟年層からの水文化・伝統の伝授が不可欠である．生涯教育(学習)，社会教育をはじめ，家庭教育，学校教育，幼児教育など，あらゆる場での啓蒙が重要である．自治会や婦人会，マスコミの力も大きい．高齢者の中には，ボランティア精神に溢れた人が大勢埋もれている．その力を発掘することはきわめて有効であろう．

(5) メンテナンスフリーの是非

次に，水環境保全におけるメンテナンスフリーの考え方の是非について触れてみたい．水環境保全に限らず，近年の行政の施設整備の考え方は，メンテナンスフリーあるいはできるだけメンテナンスの手間と費用を省くことを是としてきたように思われる．しかし，その結果として，種々のところで施設の故障や不具合が生じ，大事故に至った例も少なくない．著者は，メンテナンスは施設整備にとって不可欠のものであり，最初から計画に取り入れるべきものと考えている．特に今後の水環境保全においては，メンテナンス費用の増大は必至であり，それを省こうとすることは危険である．

ただ，施設のメンテナンスには多大の労力を要するため，これを行政の力だけで行うことには無理があろう．ここに，住民参加の働きが大きな意味を持つよう

に思われる．もちろん，メンテナンスの内容によっては専門知識や技術を要し，非専門家である住民の力ではカバーできない部分も多いが，日常的な点検業務やモニタリングなどで住民の協力が有効となることがらも少なくないように思われる．そのように，普段から種々の場面に住民参加を求めることにより，住民の意識や技術も高まり，よりよい水環境の構築に寄与できるのではないだろうか．

(6) 住民参加のレベルと報酬

住民参加は素人だからといって，無報酬であってよいわけではない．それにはそれなりの報酬が支払われるべきであり，それによって住民参加が促進されることにもなろう．また，住民サイドからすれば，ボランティアだからあるいは専門家よりも低い報酬だからといって，低い知識・技術レベルに甘んじるのは望ましくなく，場合によっては専門家をしのぐ知識と技術を持ちあわせたいものである．

参考文献
1) 仲上健一・梁説：水文化思想の日韓比較，水資源・環境学会2000年度研究大会報告集，2000.
2) エルンスト・U・フォン・ワイツゼッカー，宮本憲一他監訳：地球環境政策，有斐閣，1994.
3) 高橋裕・武内和彦編：地球システムを支える21世紀型科学技術，岩波講座地球環境学4，岩波書店，1998.
4) 國松孝男・菅原正孝編：都市の水環境の創造，技報堂出版，1988.
5) エルンスト・U・フォン・ワイツゼッカー，佐々木建訳：ファクター4，(財)省エネルギーセンター，1998.
6) 高橋裕・河田恵昭編：水循環と流域環境，水循環型社会構築の技術(森田豊治・岩泉孝司)，岩波講座地球環境学4，p.100，岩波書店，1998.
7) 国土庁長官官房水資源部編：日本の水資源(平成11年度版)，1999.8.
8) 建設省都市局下水道部：日本の下水道，1999.9.
9) 国土庁大都市圏整備局・環境庁水質保全局・厚生省生活衛生局・農林水産省構造改善局・林野庁指導部・建設省河川局：琵琶湖の総合的な保全のための計画調査報告書，1999.3.
10) 地球環境関西フォーラム：生物多様性を知る，2000.3.
11) シリーズ「インサイト」，住民参加と公共事業，土木学会誌，第84巻12月号，pp.96-99，1999.
12) 足立敏之：川を通じて新たなパートナーシップを！，河川，5月号，pp.23-28，1999.
13) (財)日本グラウンドワーク協会：グラウンドワーク型地域づくり活動の推進方策に関する調査報告書，p.88，1997.

第3章　水環境と地域システムの新しい枠組み

Biyoセンター自然観察会

　琵琶湖湖畔のBiyoセンターでは，毎年，流域の住民参加による「自然観察会」を開催している．琵琶湖型観察池と多自然型水路を中心に，魚，貝，昆虫，プランクトン，鳥，植物など，それぞれの専門家の指導を受けながら調査を行っている．

3.1 「生命地域」を基礎とした新たな流域圏の構築

　文明の変遷とともに水環境のあり方も大きく変わる．農業社会から工業社会へ移行しパラダイムシフトが起こる中で，20世紀の水環境は，水循環系統の統合性を欠き，利用目的が特定された水利用の形態のみが支配してきた．水環境は，自然との親和性を失い，人々の暮らしの中から水辺が遠ざかり，空間的，心理的にもやすらぎやうるおいを喪失した．だが，21世紀の入口に立った今日，市民社会の到来とともに新しい価値観が芽生え，生命の危機感から水に対する高い関心が生まれつつある．水環境を再構築するにあたって新たなコンセプトが求められているといえよう．

　バイオリージョンと呼ばれる「生命地域」あるいは「自然生態系地域」を基礎においた発想は，21世紀の新たなコンセプトに基づいた流域圏の構築を模索するうえで，大きな示唆に富む考え方を提示している．

3.1.1　バイオリージョンとは何か

　河川は共通の水が上流と下流とを結び，その流域では植物相，動物相，風土など自然的要素が水を媒介としてある種共通の特徴を持っている．このような特徴によって共通性を持つ自然的要素を基礎とする領域は，「バイオリージョン（生命地域，自然生態系地域）」と呼ばれる．森林地域，農業地域，都市地域まで含めた流域圏では，降水が繰り返されて水循環が起こり，生物の生育に必要な物質も水とともに輸送され物質循環の基盤を形成していることから，流域圏は典型的なバイオリージョンと考えることができる．

　これからの100年を睨んだ長いスパンで21世紀の水環境のあり方を考えると，水環境，水循環の問題をこれまでのように都市，農村，森林，河川，沿岸域における個別の事象として扱うのでなく，バイオリージョンを単位とするアプローチを無視できない．すなわち，流域単位で起こる事象をバイオリージョナリズム（生

命地域主義，自然生態系主義）の視点に立脚してとらえる総合的な流域経営の発想が求められる．

ここで，バイオリージョナルについて簡単に紹介すると，「土壌，分水界，気候，および生物圏全体に存在する自生の動植物を共有する独自で固有の地理的区分」（提唱者：ピーターバーグ）を重視する発想で，一般には工業社会からのパラダイムシフトとしてとらえられる（表-3.1）．

このバイオリージョナルの発想は，生命地域型の社会パラダイムで流域をとらえ直して，水環境の新たな枠組みへの転換を要求するものである．

表-3.1　工業社会型パラダイムとバイオリージョナルパラダイムの対比

	工業社会型パラダイム	バイオリージョナルパラダイム
規　模	州 国家，世界	地　域 コミュニティ
経　済	開　発 変化，進歩 世界経済 競　争	保全，保護 安定性 自給自足 協　力
政　治	中央集権 階層性 均一性	地方分散 ネットワーク 多様性
社　会	分極化 成長，暴力 単　一	共　生 進　化 複　相

3.1.2　都市と農山村をつなぐ——経済地域から生命地域へ

文明は，河川水系を中核として発達し，長い歴史を通して育まれ，私たちは歴史の中に深く刻まれた「人と水の関わり」という特有の水文化を有している．この「人と水の関わり」の視点でみると，これまでの水環境は，どちらかといえば，供給側の立場から機能重視の対策を中心に進められてきた感が強く，利用者の目で水環境の多様な価値をみるという視点が欠けていると指摘できる．

市民社会の新しい価値観に基づいた21世紀の水環境を考える時，水環境施策が循環型社会に実現にどのように関わっていくかがこれからの重要な課題として

あげられる．河川における上流と下流の関係は，一般に下流の都市地域が上流の森林地域で涵養される水資源を利用する立場にある．一方，上流の森林地域は，過疎地が多く，森林の維持管理が行き届かないことから，下流地域が何らかの形で協力する必要があり，今日では，森林の維持管理を下流地域が分担する動きがみられるようになってきた．

河川を中心とした「水の系」をみると，水利用の面で，農業用水，産業用水，都市用水，河川維持用水などに分節されたこれまでの用水の形態(図-3.1)を再統合する試みがあり，これらの動きの中にバイオリージョナルという視点で「環境用水」を介して水循環システムを確立する必要がある．

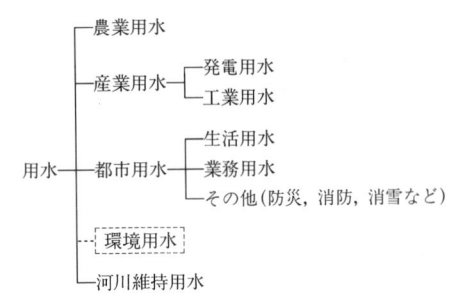

図-3.1 用水の形態

環境用水については，これまでは市民権を得ないまま議論されてきた経緯がある．農業用水や都市用水などは，利用目的が特定され，法的な裏づけに基づいてその存在が認められているが，環境用水は，通常の利用目的から逸脱し，その存在の法的根拠が十分に整備されていない現状では，利用目的が特定されている他の水利用を制限してまで環境用水を確保すべきかどうかという大きなハードルがある．まして，新たな水源開発をしてまで環境用水を確保することについては，属地性が高いという「水」の特性からみても，その土地に環境用水が存在することの正当性が確立されるかどうか，つまり歴史的必然性がまず問われることになる．さらに，社会的公平性の点から合意形成を図れるかどうかという問題もある．環境用水に関わる事柄は，まさに「水環境の恵沢」(図-3.2)を地域システムの中で確保する多様なプロセスを通して社会的な合意を図るという点で文化の役割が担うところが大きい．

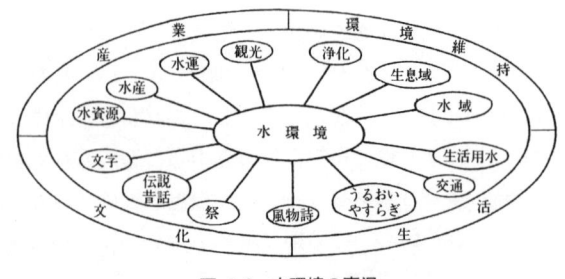

図-3.2 水環境の恵沢

河川の維持用水を農業との関係でみてみる．農業地域においては，水利権の裏づけとなる作付け面積が減反や開発により減少しているにもかかわらず，農業用水の旧来の水量が慣行水利権として確保されてきた．このことが水利用の融通性に欠ける一因であり，河川維持用水の不足，河川生態系への影響となって顕在化している．さらに最近，都市渇水は農業水利の関係で人為的に引き起こされた水不足である，と指摘される要因ともなっている．その一方で，かつての農業社会において，農業用水を灌漑目的だけでなく地域用水として扱うことによって農村水環境の形成に重要な役割を果たしてきたという歴史的な事実があるのも否めない．

最近の動きをみると，単に作付け面積の減少が慣行水利権を手放すことには直結しないという理由から，農業用水を地域システムの中で見直して，新たな地域社会の中で環境用水として再構築する動きが顕著に現れてきている．「水」を介して，都市と農村をどのように結ぶかは，「環境用水」を地域システムの中でどのように関係づけていくかにかかっている．つまり，水に関わる環境場(図-3.3)としてどのようにとらえるかについてバイオリージョナルな視点で再構成することが，今後の循環型社会の実現に向けて不可欠であるといえる．

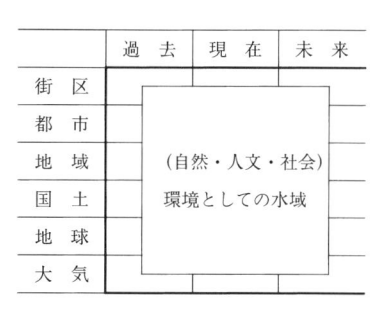

図-3.3 水に関わる環境場

3.1.3 バイオリージョナル計画手法

(1) 概　要

「水」を介して都市と農村を結び，新たな流域圏社会の実現を図るために，地域の特性を生かしたバイオリージョナルの視点に立脚した計画手法を確立する必要がある．調査手法としては，まず水循環の基本諸量を的確に把握することに始まり，地域活動に至る「足元の変革」まで，幅広い調査を進める(**表-3.2**)．森林地域における保水機能，農業地域における遊水機能，都市部における雨水利用・雨水浸透，下水処理水のリサイクルなどの身近な水環境の再生，創出を進める必要がある．

表-3.2 バイオリージョナル調査手法の概要（基礎調査）

水循環に関わる基礎資料調査，および現在取り組まれている施策などの推進に関わる実態調査．
1) 基礎資料調査
   ① 河川・湖沼・地下水の水理・水文資料：気温，降雨量，地表面流出量，滞留量，地下浸透量，蒸発散量，海域への流入量．
   ② 上下水関係資料：事業所・一般家庭の水使用量，業務営業用・工業用水など都市用水使用量，工業用水の回収利用，下水処理量，高度処理循環利用量．
   ③ 水質関連資料：河川，上下水，環境部局における水質資料．
   ④ 森林関係資料：針葉樹・広葉樹の分布，面積，樹齢，国有林，民有林——森林計画精度，保安林制度の関わる資料．
   ⑤ 農業関連資料：水田，農地面積，取水量，減水深，ため池利用．
   ⑥ 河川関連資料：維持流量，洪水資料．
2) 現在取り組まれている施策の推進状況に関わる実態調査
   ① 水循環の診断，評価に関わる取組み：
     ・水循環影響予測手法の開発などに関わる調査研究．
     ・水量回復，水質改善，生態系保全の計画目標・指標の設定状況——流域水循環のメカニズムの解明，流域の水収支の把握，地下水涵養域の把握．
   ② 連携，支援に関わる取組み：
     ・地域住民，各種団体，行政などの支援連携の状況．
     ・行政と住民，市民セクター，企業，研究者の連携，交流の状況．
     ・行政間，内部の各施策の調整，連絡の状況．
   ③ 情報の蓄積，共有，活用に関わる取組み：
     ・水循環に関するデータの公表．
     ・インターネットを利用した情報提供，共有化．
     ・各種啓発活動．
   ④ 森林地域の施策に関わる取組み：
     ・森林域の持つ多面的機能の解析，評価．
     ・各種補助制度による森林整備，分集林制度，森林整備協定．
     ・国土保全対策制度などの施策．
   ⑤ 農業地域の施策の関わる取組み：
     ・優良農地の保全，耕作放棄農地の対策．
     ・農地，水路を活用した地下水涵養策．
     ・循環灌漑など水の有効利用．
     ・環境保全農業の推進，農業集落排水の整備など．
     ・休耕田，農業排水路を利用した水質浄化対策．
     ・農業水利施設を活用した親水空間，ビオトープの創出．
   ⑥ 都市地域の施策に関わる取組み：
     ・雨水浸透桝，透水性舗装，雨水貯水の推進．
     ・雨水利用，節水，下水処理水の再利用，高度処理．
     ・工業用水の循環利用，ビル内再生水利用．
     ・有害物質に排出・地下浸透規制，および非特定汚染源対策の強化．
   ⑦ 沿岸地域の施策に関わる取組み：
     ・自然海岸，干潟，藻場の保全．
     ・砂浜海岸の浸食対策．
   ⑧ 河川地域の施策に関わる取組み：
     ・河川流量の確保，河川・湖沼の水質改善，地下水の監視．
     ・水辺・水中生物の保全．

特に河川域においては，森林地域，農業地域，都市地域の水環境問題が集約して現れるので，河川の維持流量を確保し，正常な機能を維持するためにも，森林における自然林化，複相林化などの流域保全，環境維持が不可欠である．

農業地域においては，水の貯留，地下水の涵養，自然浄化機能の向上，土壌・地下水の汚染防止を図らなければならない．

都市地域においては，上下水道システムの普及，不浸透域の拡大に伴い，非特定汚染源(面源)からの負荷の増大，平常流量の低下，都市型水害の発生，ヒートアイランド現象などへの対応が迫られている．

ここでは，森林，農地，市街地などを総合的にとらえるバイオリージョナルの観点から，水循環・水環境に関わる調査手法，河川・湖沼・地下水を一体化した流域単位の物質循環モデルの考え方，さらには，水環境の創出，評価に関わる事項について述べる．

その基本は，
① 流域を単位とした健全な水循環，水環境の診断，評価，
② 健全な水循環に資する提携と役割分担，
③ 水循環に関する情報の蓄積，共有，活用，
④ 水循環回復のための技術開発および技術の国際的活用，
⑤ 人と水のふれあいの確保，多様な水文化の振興，
⑥ 森林，農村，都市，河川，沿岸の地域別取組み，
⑦ 河川湖沼，地下水の水文学的，生態学的，工学的対策の取組み，
など，新たな水環境に関わる政策提言を多様な視点で評価に供することを意図している．

(2) バイオリージョナル計画モデルの考え方

a．進化型の成長モデルであること　　水循環の健全化を進めるうえで，施策の統合化や連携の強化について，その効果を評価できるモデルの構築は不可欠である．このようなモデルの特徴としては，流域単位における水質，水量など水循環に関わる物質循環の構造を反映している．ここでは，水源地域における森林の保全・整備，ダムの整備，農業地域における農地の減少，休耕田の活用，都市域における地下浸透，雨水貯留施設，下水の高度処理水の還流など各種施策をその進捗に応じて的確に評価するよう表現されなければならない．

次に，空間的な領域の規模，大きさの違いを考慮して，流域全体を視野に入れたマクロ的物質循環モデルおよび地域特性や地域別施策を評価できるミクロ的物質循環モデルの2つ物質循環モデルの組合せで構成することが要求される．

モデルの信頼性については，重要な問題をはらんでいる．データの集積状況や，これまでの研究成果の蓄積がモデルの信頼性を大きく左右するので，データ不足の場合，不十分なモデルにならざるを得ない．モデル構築においては，今後のモニタリングや研究の進展に応じて，その成果を反映しながら進化するようにあらかじめ設計しなければならない．

ここでは，どのような研究成果やモニタリング技術が実用化されるかについて近未来的な予見が求められる．このような進化型の成長モデルでは，ある種の不確実性をはらみながら，ブレーンストーミングやパドック方式の手法を通して近未来的な予測を立てなければならない．

b．物質循環モデルの評価項目 このような物質循環モデルは，表-3.3のような評価項目を通して，新たな施策を提案できるが，評価項目は常に更新されなければならない．

表-3.3 物質循環モデルにおける各種施策の評価項目

森林地域
- 森林の持つ水源涵養機能および自然浄化機能の評価．
- 水源地域における森林保全整備など各種森林保全施策の効果の把握．

農業地域
- 農地の宅地化の水循環への影響の把握．
- 農地，用水路を利用した地下水涵養，水質浄化の効果の把握．
- 農業地域における保水機能，水質浄化機能の把握．
- 農業地域における環境用水確保など各種施策の効果の把握．

都市地域
- 都市の水循環機構の解明．
- 雨水貯留，浸透施設設置の効果の把握．
- 下水高度処理水の循環利用，治水緑地の活用など各種施策の効果の把握．
- 水郷復活，運河計画などの提言など．

河川域
- 各種河川環境施策の効果の把握．
- 河川維持流量の確保，都市環境用水利用による地域水循環への効果の把握．
- 各種取排水口の統合化など施策統合，事業連携の効果の把握．
- 各種用水の融通活用，渇水調整，減水区間におけるダム放流，河川浄化，多自然型川づくりなどの各種施策の効果の把握．

3.2 都市および農山村地域における水環境施策の展開

> 水環境，水資源の安全保障という国際社会の共通課題に直面して，「21世紀は水をめぐる紛争の時代」になると予想される．国内においても，水資源の有効利用，治水，水をめぐる環境問題，水と文化など，水環境，水資源をめぐる課題は幅広い．
>
> 新たな国土整備においては，これら多様な課題解決を睨んだ総合的な水管理，流域経営など新たなマネジメントの視点が欠かせない．
>
> 流域マネジメントの視点から，大都市のリノベーションと農山村地域の再生については，相互補完的な関係を持つ一つの生命体とみなして，農山村地域における「多自然居住地域の形成」など「水と地域を結ぶ」新しい枠組みを模索し，「線」から「面」への全面的な展開を図る必要がある．

3.2.1 都市のリノベーションと農山村地域の再生

21世紀の国土構想は，「安全，自然，ゆとり」の実現に向けて自然ネットワーク型国土軸の創造(図-3.4)を図る中で，多様な生物を育む生命軸を形成することが求められることから，水源から海へと続く水の回廊を形成する河川の役割は，水によって関連づけられた生命活動のインフラとして，ますます重要視される．

都市のリノベーションにおいては，人間活動，都市機能などの両面から，都市生活機能，都市景観機能，都市生態機能の3要素で構成される都市機能の「環，リンク」として水環境が果たす役割は大きい(図-3.5)．

農山村地域は，自然的資源に恵まれていることを活用し，地域の魅力を発掘し，環境，健康，交流の「新3K」に基づく地域の再生・活性を図ることが必要となる(図-3.6)．

第3章 水環境と地域システムの新しい枠組み

[基本的課題]

*自然との共生
*参加と連携

- 自立の促進
- 誇りの持てる地域
- 国土の安全とくらしの安心の確保
- 自然の恵みの享受と継承
- 世界に開かれた国土形成
- 多軸型国土形成

*国土構造の転換

[戦略的施策]

- 多自然居住地域の創造
- 地域連携軸の展開
- 広域国際交流圏の形成
- 大都市のリノベーション

望ましい国土構造

安全・自然・ゆとり

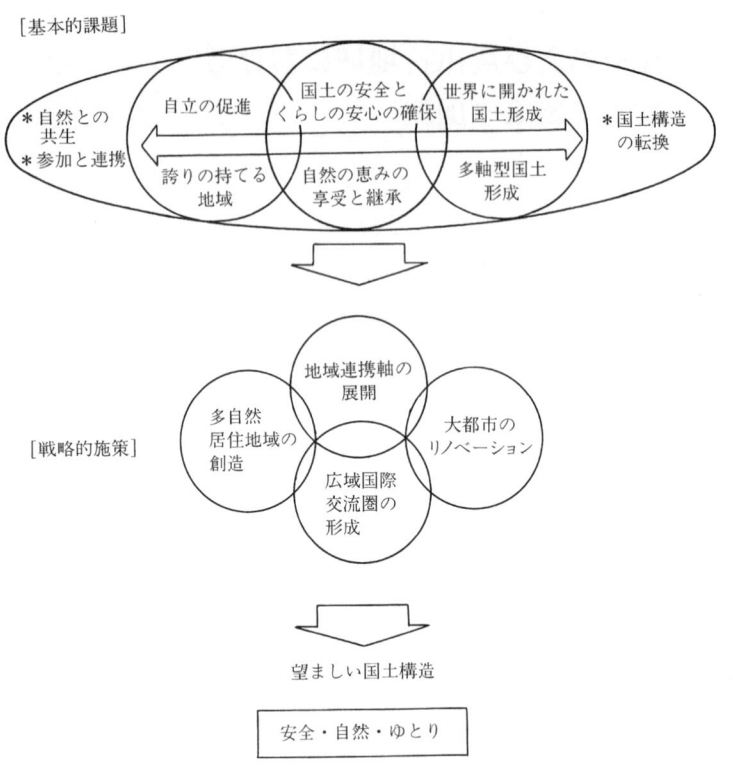

図-3.4 望ましい国土構造の実現への構図

都市景観機能
・環境用水
・水量,水質の保全
- 親水風景の形成
- 水辺のエコゾーンの形成

(水環境)

・防災,緩衝
・散策レクリエーション
・親水

身近な自然とのふれあい

・動植物の生息
・自然環境

都市生活機能　**都市生態機能**

図-3.5 都市機能の環,リンクとしての水環境

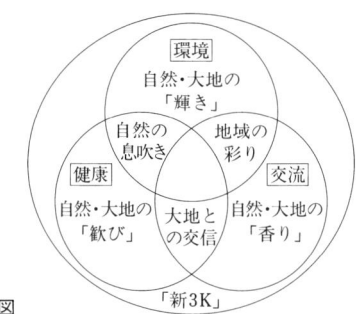

図-3.6 農山村の魅力の構図

3.2.2 農山村地域における活水型地域づくり

(1) 農山村地域の現状と課題

源流地域は，一般に都市から離れ，自然条件が厳しい典型的な農山村地域であり，そしてまた，林業の衰退，森林の荒廃など，集落機能の維持や自然環境の保全の点で課題が山積しているともいえる(**表-3.4**)．

このような農山村地域においては，集落機能の維持，環境の保全の両面から地域再生の道の検討を進めることが重要である．

表-3.4 農山村地域の課題

集落機能からの課題
① 若年層を中心とした人口流出による集落機能の低下：1960年(昭和35年)頃に比べると，人口は半減し，高齢化率も3分の1に達している．このため，農林業の担い手の不足，地区外所有者林や耕作放棄水田の増加により森林維持や農地管理などの集落機能の維持に支障を来たしている．
② インフラの遅れの顕在化：道路などのインフラ整備が遅れ，生活の利便性の点でも都市との地域格差が拡大した．
③ 施策の統合化，連携が急務：地域格差が課題であり，高速自動車道の開通など広域交通網の整備の進行を契機に，地域主導の施策の統合，地域が一体化した振興の促進が期待される．

環境保全上の課題
① 山林では水源涵養機能などが低下：山腹の崩壊，水源涵養機能の低下などにより洪水，流木，土砂災害が発生し，湧水の減少により自然環境が悪化している．
② 農村部で身近な自然や農村景観が減少：休耕田の増加，棚田の消失，道路側面や農業水路のコンクリート化により景観や自然生態系に支障を来たしている．
③ 河川，ダムにおいて水質が悪化し，濁水が発生：生活排水の増加，土壌の流出などによる水質悪化，濁水の発生など，水環境への影響が著しい．

(2) 農村水環境づくりの概要

地域再生の道筋として，恵まれた自然そのままを地域資源として活用した環境づくりが望まれる．一つの行政区域が単独で事業を進めることや，町村が個別の施策に取り組むことのメリットは少ないことから，地域間の連携を図りながら特徴ある総合的な施策を進めて，地域の活性化を促すことが重要である．

ここでは，農山村地域における活性化計画の事例をもとに水環境施策について検討する時の要点を述べる．

a．計画はマスタープランと地域別プランの2本立てで構成　地域連携の観点から行政区域を越えて共通するビジョン（マスタープラン）を描き，個々の地域においては独自の個性の発揮を重視した計画（地域別プラン）の両立とする．

この2本柱の構成で計画全体の統一性と個別施策の多様性との調和を図る．

b．共通ビジョンで個別の施策を統合化　共通のビジョンは，自然に恵まれた環境的価値を見直して，施策の統合化により農山村が持つ多面的機能の発揮を目指すための骨子である（**表-3.5**）．

表-3.5　行政域を越えた共通ビジョンの骨子

①	〈森づくり〉自然をこれからの地域資源として活かす：地域面積のほとんどを占有する山林，河川などの自然地を活かした自然環境の保全創出．
②	〈里づくり〉農村風景の維持，原風景の創出：水と緑など自然と調和した田園景観，農村環境の維持．
③	〈人づくり〉ふるさとをつくる：湧水，神社など自然，文化遺産の活用．

特に，農山村地域においては各種施策が広い範囲に及ぶ面的整備であるという特色を生かして，行政域を越えた広域的な共通ビジョンを示し，相異なる地域ニーズの調整，施策の統合を図る．

c．ゾーニングで地域個性の発揮を促進　地域別プランでは，それぞれの地域特性に応じて，「自然環境を重視した自然保全ゾーン」，「地域資源の計画的活用を勧める利用ゾーン」，「保全と利用との調整を図る緩衝ゾーン」の3タイプのゾーニングに分類し，利用タイプ別の立地特性評価によって個別の多様なニーズへの対応，地域個性の発揮を図る（**図-3.7**）．

各ゾーンの特徴別の利用タイプは，地域活性化につながる施策として採用される．

地域アイデンティティを醸成する視点で地域資源の計画的活用を進める場合，

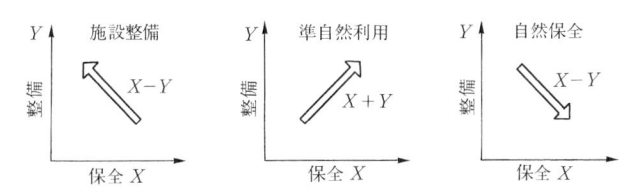

3.2 都市および農山村地域における水環境施策の展開

(a) 利用タイプ別の評価関数の考え方．「河川環境の保全 (X)」軸と「地域整備 (Y)」軸の座標軸により利用タイプ別にベクトルを表現する．

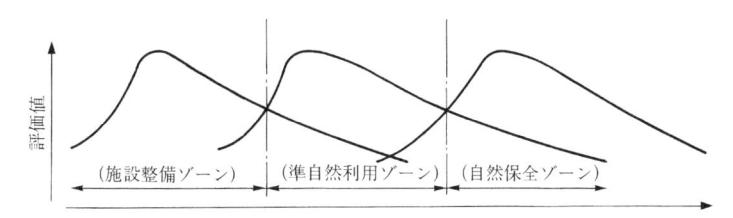

(b) ゾーニングの立地特性評価．各ゾーンの立地特性を各アイテムごとに点数づけを行い，総合得点を比較する．

図-3.7　利用タイプ別立地特性評価の考え方

表-3.6　各ゾーンの特徴

① 自然保全ゾーン：森林の自然林化，河川の多自然化により，自然生態系の保全，創出に配慮する．
② 利用ゾーン：キャンプ，カヌーなどのスポーツ，レジャー利用を促進する．
③ 緩衝ゾーン：森の学校，水辺の楽校を整備し，自然体験や教育，保健利用を促進する．

歴史的文化的側面の掘り起こしで特徴づけて付加価値をつける必要がある．単なるハード的な整備でなく，ふるさとの再発見，地域シンボルの発掘につながる地域活動というソフト的な側面を重視し，自然との調和を図ることが肝要である．

d．リーディングプロジェクトが個別の施策を体系化

農村環境整備などで実施されている個別施策は，「森づくり」，「里づくり」，「人づくり」の3つのリーディングプロジェクトにまとめて体系化を図る（**図-3.8**）．

表-3.7　リーディングプロジェクトの骨子

① 森づくり：森林の自然林化，自然利用の推進．
・計画的伐採，天然林の導入，集団施行．
・自然体験　保養，環境教育利用の促進．
・野鳥など動植物の生育生息環境の整備．
② 里づくり：山里空間の多面的利用の推進．
・休耕水田の林地化，湿原化などビオトープ的利用．
・河川，湖岸の多自然化，水質浄化．
・農業水利施設の親水的利用，自然浄化機能の増進．
・農林道の植樹植栽，フットパス利用．
・棚田景観の保全，ブナ街道．
③ 人づくり：新たな都市農村交流の促進．
・地域に誇りを持つ人材，農林業に意欲を持つ人材の育成．
・森のオーナー，市民農園制度，山村留学，研修制度．

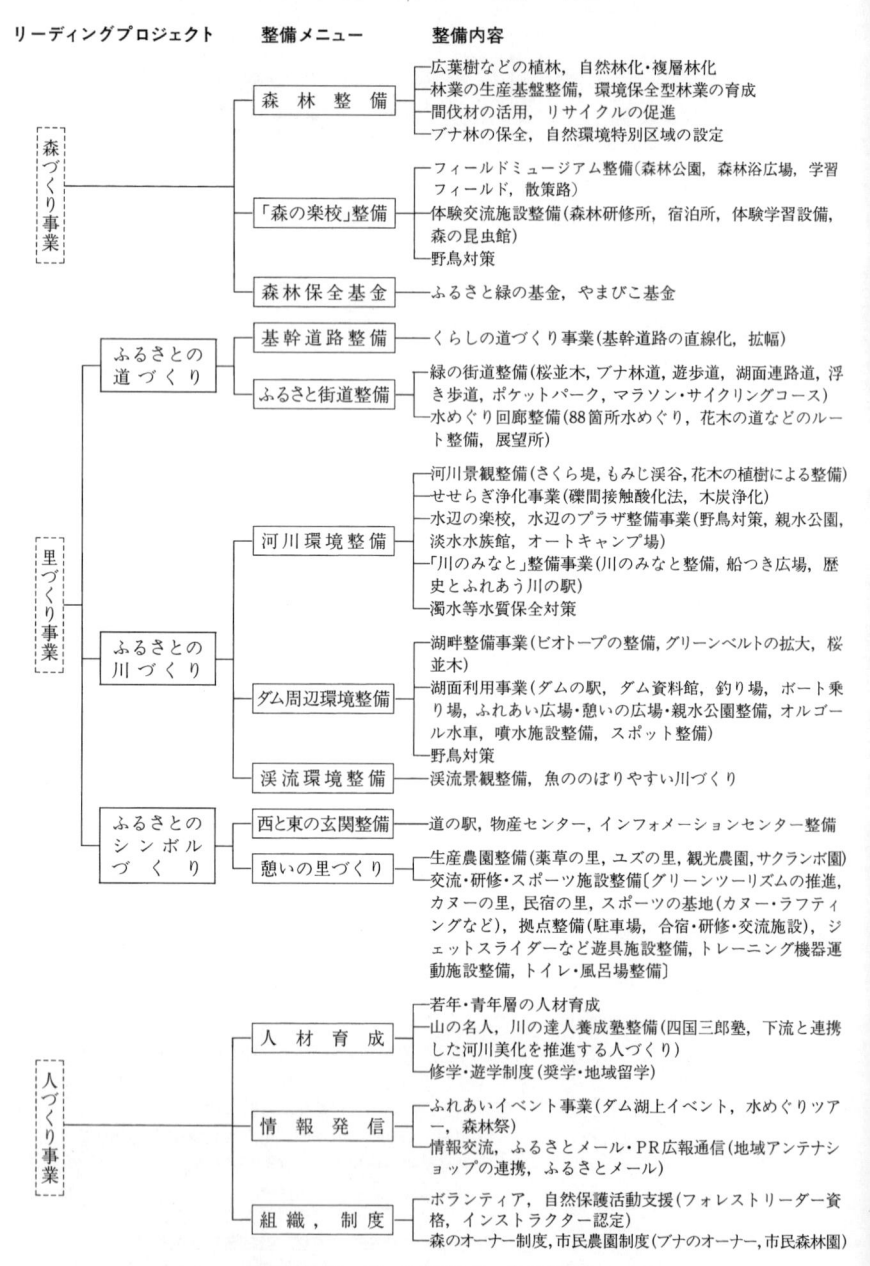

リーディングプロジェクト	整備メニュー	整備内容
森づくり事業	森林整備	─広葉樹などの植林, 自然林化・複層林化 ─林業の生産基盤整備, 環境保全型林業の育成 ─間伐材の活用, リサイクルの促進 ─ブナ林の保全, 自然環境特別区域の設定
	「森の楽校」整備	─フィールドミュージアム整備(森林公園, 森林浴広場, 学習フィールド, 散策路) ─体験交流施設整備(森林研修所, 宿泊所, 体験学習設備, 森の昆虫館) ─野鳥対策
	森林保全基金	─ふるさと緑の基金, やまびこ基金
里づくり事業	ふるさとの道づくり — 基幹道路整備	─くらしの道づくり事業(基幹道路の直線化, 拡幅)
	ふるさと街道整備	─緑の街道整備(桜並木, ブナ林道, 遊歩道, 湖面連路道, 浮き歩道, ポケットパーク, マラソン・サイクリングコース) ─水めぐり回廊整備(88箇所水めぐり, 花木の道などのルート整備, 展望所)
	ふるさとの川づくり — 河川環境整備	─河川景観整備(さくら堤, もみじ渓谷, 花木の植樹による整備) ─せせらぎ浄化事業(礫間接触酸化法, 木炭浄化) ─水辺の楽校, 水辺のプラザ整備事業(野鳥対策, 親水公園, 淡水水族館, オートキャンプ場) ─「川のみなと」整備事業(川のみなと整備, 船つき広場, 歴史とふれあう川の駅) ─濁水等水質保全対策
	ダム周辺環境整備	─湖畔整備事業(ビオトープの整備, グリーンベルトの拡大, 桜並木) ─湖面利用事業(ダムの駅, ダム資料館, 釣り場, ボート乗り場, ふれあい広場・憩いの広場・親水公園整備, オルゴール水車, 噴水施設整備, スポット整備) ─野鳥対策
	渓流環境整備	─渓流景観整備, 魚ののぼりやすい川づくり
	ふるさとのシンボルづくり — 西と東の玄関整備	─道の駅, 物産センター, インフォメーションセンター整備
	憩いの里づくり	─生産農園整備(薬草の里, ユズの里, 観光農園, サクランボ園) ─交流・研修・スポーツ施設整備〔グリーンツーリズムの推進, カヌーの里, 民宿の里, スポーツの基地(カヌー・ラフティングなど), 拠点整備(駐車場, 合宿・研修・交流施設), ジェットスライダーなど遊具施設整備, トレーニング機器運動施設整備, トイレ・風呂場整備〕
人づくり事業	人材育成	─若年・青年層の人材育成 ─山の名人, 川の達人養成塾整備(四国三郎塾, 下流と連携した河川美化を推進する人づくり) ─修学・遊学制度(奨学・地域留学)
	情報発信	─ふれあいイベント事業(ダム湖上イベント, 水めぐりツアー, 森林祭) ─情報交流, ふるさとメール・PR広報通信(地域アンテナショップの連携, ふるさとメール)
	組織, 制度	─ボランティア, 自然保護活動支援(フォレストリーダー資格, インストラクター認定) ─森のオーナー制度, 市民農園制度(ブナのオーナー, 市民森林園)

図-3.8 リーディングプロジェクトの構成

e．源流水めぐり88箇所計画で，個性化を意図　　源流地域は，湧水や社寺林など，都市にない地域資源や自然的文化遺産が広範囲に数多く存在する．四国山地では地域に存在する湧水を活用した「名所づくり」を行い，都市・農村交流の機会創出を図った計画事例である．具体的には源流地域のあらゆる水にスポットを当て，「名水」づくりを行い，人々の関心を源流地域に集めて共感を呼ぶ．名水は利用者の立場から，「飲む水」，「見る水」，「触れる水」の3つに分類し，それぞれのポイントに札所を設置する．

　住民自身が自分たちの手足で「名所」，「穴場」を発掘して札所を立てる．湧き水や優れた景勝地，釣りのポイントや水遊びの場などを選出しフットパスで結ぶ．これを「源流水めぐり88箇所」と称して，住民参加や地域アイデンティティの醸成を図る．

表 3.8　源流水めぐり88箇所プランの概要

「名水」の分類と構成
① 飲む水：もともと登山者や地元の人々に特徴あるおいしい水として親しまれ，質，量ともに優れている湧き水．
② 見る水：水資源や水利用に対する関心を集め，「水」に対する啓発，学習に役立ち優れた景観，景色を持つ水空間．
③ 触れる水：親水性，安全性に優れた渓谷，湖畔など，カヌー，キャンプ，水遊びなどに利用できる水空間．

(3) 活性化の展望と課題

これらの計画事例から農山村地域の活性化の展望と課題をまとめる．

① 地域は，国土保全，環境維持の機能の発揮が期待されることから，環境保全の公共財としての農山村の役割を基調とした地域づくりは，農山村への国の支援などについて国民の理解が得やすい．

② 景観，自然と調和した「多自然居住地域の形成」は，農山村地域特有の自然的，社会的条件の不利を克服する契機であり，定住確保を促すなど地域づくりの展望が拓ける．

③ 事業の計画段階から幅広い層の意見を反映し社会的合意形成の基礎を築くことにより，行政区域を越えて地域間連携，事業の統合化，地域ぐるみの協力や取組みを進める土壌が築かれる．

④ 特に，地場材の活用や地元ボランティアの支援を得ることができ，人材育

成，地域リーダーの輩出が期待できる．

3.2.3 都市近郊地域の水環境

都市化，混住化が著しい都市近郊の農村地域は，公共用水域や農村水域の水環境が悪化し，かつての田園風景が一変し，良好な農村環境の消失が顕著になっているのが通例である．農村水域で水田を中心に広域的に広がる水環境と田園景観は，都市近郊の農村に残された地域再生の生命線である．

ここでは，身近な生物の生息環境の創出，自然とのふれあいの場の確保，水循環の健全化を図ることを目的とする計画の基本的検討事項を述べる．

表-3.9 都市近郊地における水環境整備を検討する時の要点

① 内湖の浄化，ヨシ原の保全，河川の多自然化，水辺林の造成．
② 休耕地を活用したヨシ原の造成，とんぼ公園ビオトープ利用，沈殿池の造成，灌漑化利用．
③ 農業用水利施設を活用した親水整備，ホタル護岸の設置．
④ 農林道のフットパス化，植栽，植樹．
⑤ 湧水，里山，社寺林の保全．
⑥ 水との関わり，水文化の形成．

以上のように，地域全体に広がる河川，農地，農業水利施設，湖沼，ため池などの自然生態系機能，水涵養機能，環境保全機能の活用に重点を置く計画となっている．

3.3 地域，景観，生態系を包含した水文化の醸成

あらゆる分野で価値観の多様化が進み社会文明のパラダイムが転換していく中で，倫理，宗教，芸術など精神世界のあり方が問われている．左脳型社会から右脳型社会へ転換するという時代の変革期を迎えて，新たな文化論の台頭が求められている．

これからの100年を睨んだ水環境の枠組みを環境，経済，文化の3つのカ

テゴリーでとらえた場合，これまでの供給者側の論理で一元的に組み立てられてきた枠組みを越えた多元的な価値観で水環境をとらえ直すと，そこには多様なシステムを持つ新たな水文化の姿が求められている．

3.3.1 新たな水文化の構築――文化論への流れ

　環境は，地域特有の自然や風土と密接不可分の関係にある．人々が長い歴史と暮らしの中で蓄積してきた自然や環境に対する関わりを通して，生活の知恵が生まれる．その知恵を地域の多くの人々が共有し，世代を超えて継承し伝達していく時，自然と環境との永続的な付合い方を会得できる．人々がこれを文化のレベルにまで仕立てあげる時，環境や自然との付合い方に関わる生活態度や行動様式，技術，作法を総称して，環境文化と呼ぶことができる．

　同様に，水文化は人と水との関わりを通して醸成される性質を持つ．特に，地域システムの中の多様なプロセスを通して水環境を創出し保全する時，水文化ははじめて醸成し人々の生活の中に組み込まれる（図-3.9，写真-3.1，表-3.10）．

図-3.9　親水風景の構成図

写真-3.1

表-3.10 多様な水文化のアプローチ

① 環境論，経済論に依拠してきたこれまでの枠組みを越えて，21世紀の水環境のあり方を考える必要がある．水環境をとらえる視点は，多種多様であり，工学，生態学，景観学，経済学，環境政策学，社会学，法学，心理学，文化人類学，民俗学など広範な領域を複合した総合的な知見が求められる．
　水資源の有効利用，治水，水環境問題，水と文化の関わりなど，水環境，水資源をめぐる課題が20世紀末に集中的に現出している．これらの課題を抽出し，環境論，経済論，文化論の多角的な視点で整理し，環境格づけや文化の成熟度，ライフサイクルアセスメントの考え方を指標とするアプローチで，従来の水環境対策を検証する必要がある．さらに，環境論や経済論を包含する文化論を柱とする新たな枠組みに基づいて，21世紀の水環境のあり方を提案しなければならない．

② 文化論を柱とする新たな枠組みで水環境のあり方を考える場合，幅広く多層な「声」を反映する必要がある．21世紀の水環境については，産業だけでなく，個人の暮らしや行政システムのあり方など，「足元からの変革」に始まり「総合的な改革」に至るまで，各層・各主体における改革が求められる．
　文化論に基づいた枠組みで，21世紀の水環境のあり方を考えるにあたって，技術系から人文系分野(主に学識経験者，行政マン)や社会関係(実業界，NPO，市民代表，マスコミ関係，アーティスト，芸術関係など)まで幅広い多層なメンバーの「声」を体系的に構成することがポイントである．
　組織論でみると，環境，経済，文化を横断的，統合的に扱う総合部門と，それぞれ分野別のテーマを扱ういくつかの専門部門(例えば，環境部会や経済部会，文化部会など)を設立する必要がある．専門部門では，環境論，経済論，文化論のそれぞれのアプローチについて検討し，総合部門では，環境論，経済論を包含した文化論の立場から統合的なアプローチを検討する．
　そこではまず，水環境ビジョンの骨格を検討し，グランドデザインを提示する．続いて，アクションプランを策定し，実践活動の段階に進むが，この段階では，ボランティアなど市民が主体の活動が不可欠となる．ライフスタイルや社会行動など個人の意識改革や主体的な取組みが重要になることから，例えば，水環境ビジョンの実現を目的とする市民組織を必要とするという認識から，地域に根づいた環境保全活動やNPO活動などを束ねてネットワーク化する拠点として，また，多面的で多層な市民活動を主導する組織として，「市民会議—アクアワーク(仮称)」を創設する．次のような「市民会議」がこれからの水環境活動を支える母体となる．この活動を客観的に評価しながら，継続的改善を進めることを担保するため，ISOシステムの導入するなどしてシステムを構築することが重要である．

③ 「市民会議—アクアワーク」の概要
・21世紀の水環境ビジョンについて，市民，民間主導で提案することを目的とする市民会議で，協議会，市民団体，NPOなどで構成し，本部の他に，河川流域ごとにまとまった支部を持つ．
・市民会議のメンバーは，幅広く公募で募集する．市民会議は，いくつかの原則を設けて運営し，自由に討議し，「水」に対する市民の熱い思いを洗いざらい吸い上げる場とする．
・当面，委員会提案に意見を述べるなど，オブザーバーとして補完的な役割を果たしながら，委員会のフォローアップを図る．さらに，市民独自の将来ビジョンを検討し，近未来的には，ビジョン実現の実行部隊として，NPO法人，財団法人など市民主導の法人化を目指すことを考える．

3.3.2 水文化のアプローチ

(1) 総合的アプローチ

水環境を構成する枠組みでとらえると，表-3.11に示すように3つに整理できる．

ここでは，21世紀の水環境施策を考えるための方向性と枠組みを環境，経済，文化の3つに分類して新たな視点で多角的にとらえ，総合的にアプローチする．例えば，表-3.12に示すようなアプローチが考えられる．

表-3.11 水環境を構成する枠組み

①	環境の枠組み：	水循環や「汚濁と浄化」のメカニズムの視点． ランドスケープとエコロジーの視点．
②	経済の枠組み：	社会経済システムの視点． エコビジネスや新産業創出環境政策の視点． 環境経済，環境勘定の視点．
③	文化の枠組み：	生活文化，芸術文化，精神世界の視点．

表-3.12 水環境の新たな枠組みを考えるアプローチの6つの視点

① 日常性と非日常性の視点：人と水との関わりを，日頃の水利用，レクリエーション，伝統的な祭りなどの日常性から，大雨や洪水対応などの非日常性に至るまで，幅広い視野でとらえ，様々な水との付合いを通してつくりあげられた生活態度，行動様式，作法，技術の視点で，水環境の新たな枠組みを構成できる．
② 様式美と機能主義の視点：機能優先の水環境施策を見直すには，習慣，儀式から生活様式，行動パターンに至るまで様々なライフスタイルの転換が求められる．生活文化が持つ様式美と近代的な機能主義を対比しながら，水環境の新たな枠組みを構成できる．
③ 倫理，芸術などの精神世界の視点：水には古来より，心を癒し身体を浄化し，倫理感を高め，芸術感覚を喚起し，精神を沈静させ高揚させる働きがある．これから，精神世界，美的感性を高めるというファジーな視点で，新たな水環境の枠組みを構成できる．
④ 豊饒と質実の視点：水に対する生活スタイルや地域システムの成熟度をもって地域の水文化をとらえた場合，水に恵まれた地域の文化度が必ずしも高く評価できるわけでなく，渇水に苦しんだ経験を持つ地域の方が水に対する高い文化度を有するというケースは決して少なくない．水文化を考えるにあたっては，このようないくつかの事例から有意な示唆を得ながら，豊饒と質実の視点で，水環境の新たな枠組みを構成できる．
⑤ 都市の文化と原風景の視点：これまで，利便性，効率性，機能性を求めてきた都市の文化は，ある意味で疲弊しているといえる．人々が持つ農山村や田園環境への憧れや期待は，私たちの原風景を復活し，郷土愛(農村，森林への関心)を醸成する契機であると考えることもできる．このような視点から，水環境の新たな枠組みを構成できる．
⑥ 野趣と雅の視点：例えば，平城京と平安京を対比してみると，平安京の濃密で円熟した高度な文化に対して，平城京ののどかで野趣に富んだ牧歌的でなじみやすい文化を読み取ることができる．万葉集や古今集，新古今集などから水に関する歌句を整理して，野趣と雅の視点から，日本の伝統的な美的感覚をもって水環境の新たな枠組みを構成できる．

写真-3.2

(2) 個別のアプローチ

水環境を構成する3つの枠組みである環境論, 経済論, 文化論それぞれのアプローチは, 表-3.13 に示すように考えられる.

表-3.13 環境, 経済, 文化の個別アプローチ

① 環境論:
1) 水質, 水量, 生物, 水辺地の自然という, これまでの水環境の視点を転換して, 例えば, 自然との共生を実りあるものにするという持続可能性の考え方に立って, 資源(natural-resources), 創造物(creatures), 風景(landscape), 生態系(ecosystem), 脅威(menace), コスモロジー(cosmology)の6つの要素で水環境をとらえることができる.
2) また, 環境共生的な考え方に立って, Ecology(自然), Technology(技), Sociology(仕組み), Cosmology(心)の4つの視点で分類する提案もされている.

② 社会経済論:
1) 水と人間社会との関係から, 治水, 利水, 親水に分ける考え方や,「第1次効用(水量的効用)」,「第2次効用(水質的効用)」,「第3次的効用(文化的効用)」に分類する一般的な考え方もある.
2) ファンダメンタルズの概念を基づいて都市や地域について考える立場から, 自然適合性(nature-adaptive), 自律性(self-contained), 連携性(linkage), バリアフリー性(barrier-free), 学習性(learning), 文化性(culture)の6つの要素で21世紀社会を考える提案もされている.

③ 文化論:
1) 水が持つ「環境的価値」や「文化的価値」を, 日本人の原風景の視点で再評価し, 新たな都市文化や郷土愛(農山村環境への関心)の醸成を促す考え方が提案されている.
2) 「身体知」の考え方でヒーリング(癒し)社会を志向し,「治しと癒し」を, 生命的環境(animism), 神話的環境(shamanism), 内省的環境(meditation), 人工的環境(serape)の4つに分類し,「身体——五感」というコンセプトが提案されている.

3.3.3 水文化と生態学的な発想

(1) Naturnahe(多自然)の本当の意味

ここで, 生物などの生態系を相手にし, 水の流れが持つ自然のダイナミズムを

許容する川づくりのコンセプト――「多自然」について考察し，水文化と自然生態系地域の関連を考える．

「多自然」の元になったドイツ語 Naturnahe（近自然）は，コンクリートで固められた水路を取り壊して自然に近い状態の河川を取り戻す川づくりや，ごみ処理場，砂利採取跡地の自然復元を意味する．

ドイツやスイスなどの中欧においては，自然とは人の手が加えられないで形成された空間のことである．この「自然空間」と非合理的な自然を排除した「人工空間」との間に，この2つの要素が重複する空間――すなわち，「自然的空間」が存在する．その概念をドイツ語圏では，次のように3つに分類している．

- Kultur-Landsahft：人の手によって美しく仕上げられた造園的な文化空間．
- Naturnahe：人の手によって可能な限り自然に近い状態になった空間．
- Halbnaturlich：半ば自然な空間．

日本人の自然観では，人の手を加えなくとも自然の力によって植生は回復すると考えるところがあるが，実際に良好な自然状態が持続するためには人手が必要とする．ドイツ語の"Naturnahe"も人の手が加えられた状態を意味し，手つかずの自然を対象とするものではない．

(2) ドイツ法令における「河川改修は環境への侵害」の規定

ドイツでは，『連邦自然保護法』や『連邦水収支法』の他に，各州が独自に制定した『自然保護法』や『水法』がある．そのうち河川環境に関連する事項についてに2, 3の例をあげて条文を紹介する．

① 河川改修は「侵害」と規定している：

ノルドライン，ヴェストファーレン州，ランドシャフト法第4条；「河川改修は，侵害にあたる．侵害とは，生態系またはランドシャフトに対し著しい，または永続的な悪影響を与える土地利用をいう」．

ハンブルグ州，自然保護法第9条第1項および第6号；「河川，湖沼の改修は，自然とランドシャフトに対する侵害とみなされ，（略）」．

② 河川管理に自然的状態の維持，復元が含まれる：

ヘッセン州，自然保護法第1条第1項および第6号；「河川，湖沼などに対して，自然的自己浄化能力が再現不可能になるまで負荷をあたえてはならない」．「河川湖沼は近自然的状態に維持されるか，または近自然的状態にま

で復元されること」．

③　自然と公共の福祉との調和：

ヘッセン州，水法第59条第2項；「河川が現在，自然状態または自然に近い状態にある場合は，その状態を保存することを最優先する．自然状態から遠い状態にある河川は，公共の福祉と対立しないように，近自然的状態に再生しなければならない」．

ノルドラン，ヴェストファーレン州，水法第89条；「公共福祉の観点から，河川改修の実施を河川管理者に義務づけているが，河川の再自然化や近自然的改修を上位官庁は河川管理者に指示できる」．

これらの考え方をベースにすると，河川整備に際し自然状態の維持，復元は河川管理者の義務となる．

今，日本でも瀬や淵を復元し，魚を川に呼び戻す川づくりが進されているが，これからの水環境の保全を考える場合，以上の考え方は大変参考になるものと思われる．

3.4　水環境管理と技術展開

　これからの環境管理は，マネジメントの視点を取り入れ，環境変化への適切な対応を確実に行うことが必要である．そのためには「システム」の概念を明確にし，水利用，水処理のプロセスにおける適切な制御が求められる．水環境管理の21世紀像は，地域環境マネジメントシステムの構築であり，地域的制御としての住民参加型PDCA（マネジメントサイクル）を通して自主的な目標の確立と継続的改善を実行できる仕組みを必要としている．特に，自主的チェックと是正処置が行政力を借りずにできる仕組みが求められる．そして，このような環境管理に対応した環境計測，監視，モニタリング，環境制御，さらにはミティゲーションなどの技術を発展させ，公共水域における量的，質的負荷の解消を図ることが課題である．

3.4.1 管理とマネジメントシステム

(1) 管理とは何か

現代社会が「管理社会」といわれるように，私たちも国内法や企業規則，社会的ルール，習慣によって管理されているといえる．しかし，その管理が強制的な方向性をもって個人の行動を規制する，あるいは制約を与えるものであれば，自由や人権を犯す恐れがあり，本来の民主主義から逸脱し誤った方向といわざるを得ない．では，ここでいう「管理」とは何か，近代社会における管理の意味を考えながら，環境管理のあり方を考えたい．

もともと管理の概念には「支配する」とか，「取り締まる」といった強制的従属性を発揮して統制する意味を含んでいるが，自然や生態系，環境といった非人為的に一定の法則性，摂理によって変化しているものを支配するといっても意味をなし得ない．したがって，環境管理でいう「管理」とは監視することや発見された変化への適切な対応，または一定の水準や状態を適切に維持する行為，世話を意味している．近年は「管理」を「マネジメント」という言葉と同義語として扱う場合も多く，企業や組織の社会経済活動の結果として環境影響が発生することを考慮して，経営的な視点からの社会活動の制御および経営資源の活用による環境影響の最小化対応，と解釈する場合もある．

今後の環境対応を考えた場合，人間の社会活動における環境保全や環境創造といった環境への働きかけを意識すれば，「管理」とは「マネジメント」を位置づけた環境変化への適切な対応(維持，保全，創造を含む)，と定義することが望ましいと考えられる．

(2) マネジメントシステムと動向

一般に経営サイドから「マネジメント」という言葉で語られる内容は，経営手法や経営のあり方，考え方が多い．マネジメントシステムは，経営管理活動のシステム的対応を意味し，近代的経営に欠かせない仕組みづくりとして構築が進んでいる．企業経営においては，事業活動の途中で何が発生しても，経営者は「知らなかった」とか，「予測できなかった」とか，等々の発言により事業活動をストップさせたり，業績を悪化させたり，ましてや破産や崩壊を招くことは許されないことである．そのためにいかなる事態にも対応できる仕組みや，事前に危険を察

知し，回避し，健全化を図れる自浄機能的な対応の仕組みを経営組織体の中に構築することが必ず求められる．この組織体の仕組みがマネジメントシステムである．経営的な危機管理やリスク回避の仕組みは，マネジメントシステムの中心であり，いかなる状況，予期しない状態のもとでも対応できる仕

表-3.14 ISO の3つの前提とシステム

① 3つの前提：
　1） 社会性悪説．
　2） 間違いやミスは必ず発生する．
　3） 個人でなくシステムで対応．
② システムとは？：
　・手順に従えば誰でもできる仕組み．
　・非常時，事故など予測できるものへの対応はすべて含む．
　・ミスや誤りはシステムの欠陥という認識．

組みが本来のシステムである．危機意識が高い組織ほど危機管理システムが整備されているし，万一の場合のリスク回避を日常的に準備しておくのが最適なマネジメントである．

　1987年(昭和62年)に世界の工業規格といわれる ISO に初めて品質を保証するシステム規格(ISO 9000 ファミリー)が登場した[12]．製造プロセスに品質を確実に保証するための「仕組み」(確認，チェック，検査，不良品発生時の是正対応，試験記録などを文書化したマニュアル，手順書を作成し，その手順どおり実行する仕組み)を導入する規格であり[13]，図-3.10に示すように環境，食品衛生，労働安全性の分野で次々に登場し，国際的な標準化が進んできている．そうしたシステムの国際標準化の背景には，本来は世界のどこでも良い物を安定的に確保できる保証として世界的な共通ルールづくりとしての位置づけがあるが，日本においては社会システムの適正化の視点から重要になってきている．日本においては，繰

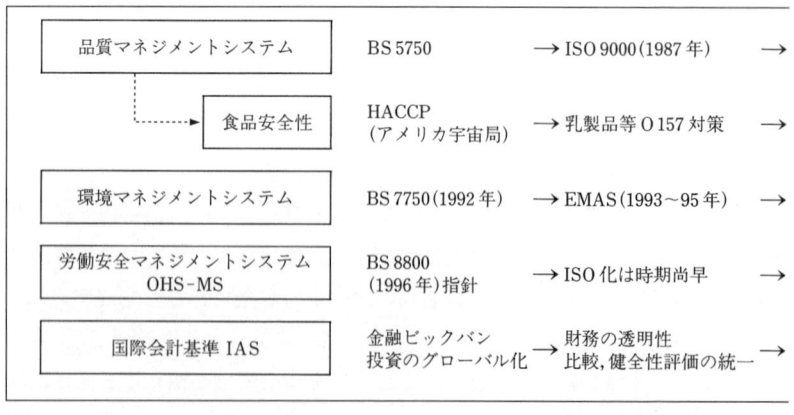

品質マネジメントシステム	BS 5750	→ ISO 9000(1987年)	→
食品安全性	HACCP (アメリカ宇宙局)	→ 乳製品等 O157 対策	→
環境マネジメントシステム	BS 7750(1992年)	→ EMAS(1993～95年)	→
労働安全マネジメントシステム OHS-MS	BS 8800 (1996年)指針	→ ISO 化は時期尚早	→
国際会計基準 IAS	金融ビックバン 投資のグローバル化	財務の透明性 比較，健全性評価の統一	→

図-3.10 グローバル化とマ

り返される企業，行政，政治家などの不正行為，組織の私物化は明らかに自浄機能の欠如であり，危機管理システムがないことにより各組織およびその活動が国際的に信頼感を喪失すると同時に，金融システム，経済システム，国家システムへの危機を招く状況にまで問題は深刻化した．このため，ようやく危機管理や「システム」づくりが位置づけられるようになってきた．日本には，事業活動の誤りを事前に防止する仕組みや，万一，誤りが発生した時に再度同じ誤りを繰り返さない是正措置を確実にする仕組みがないのではないか，などが疑われており，大企業であれ，国家機構や地方行政組織であれ，同様に信頼感がなくなってきている．1997，98年(平成9，10年)の大手証券会社，銀行の倒産，1999年(平成11年)のJCO臨界事故，2000年(平成12年)の雪印食中毒事件，三菱自動車リコール問題など，過去の多くの事例がその実態を浮き彫りにしてきた．

マネジメントシステムは，信頼回復と適正な組織運営がいかなる状況においても確実に実施できる保証として不可欠であり，組織の持続的な発展に必要な「自浄機能」を仕組みとして備えることができる．それは，表-3.14のISOの3つの前提とシステムに示したように，日本人がこれまでに当然としてきた人間の，ⓐ性善説，ⓑ注意さえすれば誤りは発生しない，ⓒ責任は個人で，といった考え方を転換し，近年の悪化する日本の状況(悪いことが平然と発生，チェックがきかない，誤りが正されない)を欧米流の契約社会，訴訟社会に対応して適切な組織運営を確実なものとする手法となっている．そうした確実性を確保する仕組みがマネジメントシステムである．同時にマネジメントシステムは，マネジメントサ

JIS Z 9901 (1994年)

厚生省 「総合衛生管理製造要領」(1996年)
「HACCP手法支援法」(1998年)

ISO 14001 (1996年) → JIS Q 14001 (1996年)

OHSAS 18001〜18003 (1999年) → 労働省法制化を検討
　　　　　　　　　　　　　　→ ISO 18000制定の可能性有り

財務諸表の標準化 → 証券取引法(2000年より) → 連結決算，税効果会計
　　　　　　　　　　商法の改正を検討　　　　　時価評価，キャッシュフロー
　　　　　　　　　　　　　　　　　　　　　　　企業年金のディスクロージャー

ネジメントシステムの動向

イクル(P→D→C→A)を実行する仕組みにより，組織の活性化と継続的な改善が達成できるようにもなっている．特に最適な対応を必要とする企業や組織には管理手法として有力な武器となる．

3.4.2 環境マネジメントシステムと環境管理

(1) ISO 14000 シリーズの制定の経緯

環境マネジメントシステムは，1996年(平成8年)に ISO 14001 として国際規格化され，同時に JIS Q 14001 となった．この環境マネジメントシステムの制定の背景には，1992年(平成4年)の地球サミット開催を前に，1990年(平成2年)に BCSD「持続可能な開発のための経済人会議」が設立され，世界の著名な経済人〔日本から三鬼(新日鉄)，稲森(京セラ)ら7名が参加〕が集まって ISO に環境保全のシステム作成を勧告したことに始まっている．地球サミット後の 1993 年(平成5年)に ISO 14000 シリーズの規格内容を検討する専門委員会 TC 207 が発足して規格づくりを本格化させたが，既に1992年には英国は自国の環境マネジメント規格 BS 7750(案)を発表し，1993年には EU 規則として EMAS が制定されている．ISO 14001 が国際的な民間規格として合意を得る前にヨーロッパでは環境マネジメントシステムの普及が開始された．日本からも ISO 14001 規格づくりに直接参加し，規格要求項目の文書化に協力している[14]．

経済活動のベースにある有限な天然資源を有効に活用しなくては，経済活動が今後持続しないことに加えて，経済活動が人類の生存を脅かす恐れがあるという認識のもとに，環境マネジメントシステムは，明らかに地球規模の環境問題解決と持続可能な経済発展を目的として制定されており，企業人の環境問題解決の強い思いを反映している．

(2) ISO 14000 シリーズの構成

ISO 14000 シリーズには，14001～14061 までのいくつかの規格があり，第三者認証機関が ISO 14000 の取得認証をする場合は ISO 14001 のみが対象となり，それ以外の規格は水準を上げるツールとして位置づけられている[15]．

ISO 14001 は，図-3.11 に示す 4.2～4.6 の 17 項目の規格要求事項を「仕組み」として構築することを求めている．特に規格の主旨は「遵法」と「継続的改善」(シ

ステムと環境パフォーマンス)であり，規格要求事項そのものがP(計画)→D(実施)→C(確認)→A(改善)というマネジメントサイクルそのもので構成されている．これらの各事項は，必ず「○○しなければならない」と確実な実行性を仕組みの条件にしており，自分たちで決めたことを決めたとおりに確実に実行し，確認していく仕組みである．重要な視点は，具体的な組織の環境改善行動を環境マネジメントプログラム(4.3.1)として文書化し，それらを確実に実行するための運用手順，運用基準を運用管理(4.4.6)として明確にすることと，不適合が発見されれば，自浄機能が働くように原因究明と是正措置，予防措置(4.5.2)をとるなどの実施が義務づけられていることである[16]．

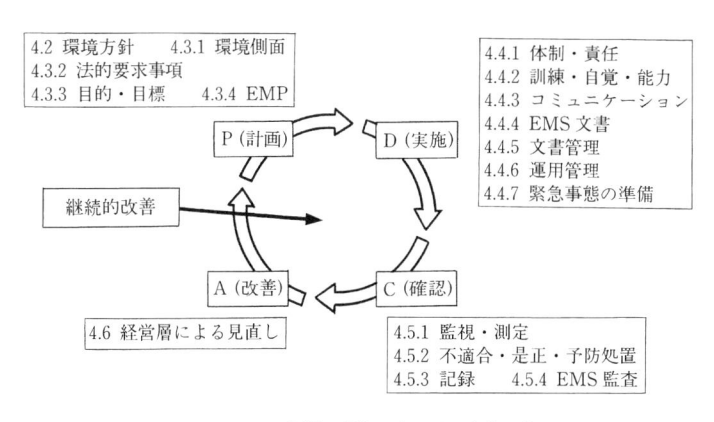

```
4.2 環境方針   4.3.1 環境側面           4.4.1 体制・責任
4.3.2 法的要求事項                      4.4.2 訓練・自覚・能力
4.3.3 目的・目標   4.3.4 EMP            4.4.3 コミュニケーション
                                        4.4.4 EMS文書
            P(計画) → D(実施)           4.4.5 文書管理
                                        4.4.6 運用管理
継続的改善                              4.4.7 緊急事態の準備
            A(改善) ← C(確認)
                                        4.5.1 監視・測定
4.6 経営層による見直し                  4.5.2 不適合・是正・予防処置
                                        4.5.3 記録   4.5.4 EMS監査

JMA                     品質・環境マネジメントセンター
```

図-3.11 ISO 14001規格要求事項とPDCA[16]

(3) 環境管理とマネジメントシステム

ISO 14001は，遵法と継続的改善を柱としたシステムであることから，環境管理には好都合な仕組みである．地球サミット後の対応は，建設省の「環境政策大綱」，経団連の「地球環境憲章」にみられるように自己目的，自主的努力の目標として環境保全の積極的な展開が図られるようになってきた．21世紀の循環型社会，リサイクル社会の形成過程においては，一層進展し，競争原理や企業選別に「環境」が確実に位置づけられ，適切な対応がなされなければ，著しい組織ダメージを受ける可能性がある．企業や組織のあらゆる経済活動(製造，サービス，事務，営業など)のうち，環境に対する変化が生じる可能性のある事業活動，製品，サービスの要素，原因(環境側面)はすべて環境管理の対象となる．ISO 14001で

は，環境をめぐる要素を原因(環境側面)と結果(環境影響)に分け，環境マネジメントシステムでは環境悪化の原因となっている環境側面を継続的改善して影響を低減する管理を想定している．したがって，事業活動やサービスに存在する環境悪化原因となる要素に対して守るべき基準(法律遵守は最低)を設定して，当該要素を測定，監視して基準を常に守るように管理することになる．そして継続的改善によって基準値が更新されたり，保全するための対応が改善，前進することが確実となる管理(仕組み)が続けられる．

　企業や組織活動における環境管理は，まず自分たちの事業活動の中にある環境悪化原因となる要素をすべて抽出し，その中から管理対象となる「著しい環境側面(原因，要素)」を特定して対応する．次に環境に良い影響を与える要素，サービスを抽出し(良い環境を及ぼす環境側面)，その良い活動も確実に実施できるように管理していく．環境マネジメントシステムは，事業活動，組織活動の主体が自主的に組織として実施する環境管理手法といえる[17]．

3.4.3　水環境管理と管理技術

(1)　地域的な水環境マネジメントシステム

　企業の事業活動に伴う公共水域や土壌，地下水への汚染の防止には，その事業活動のプロセスそのものをISO 14000シリーズなどのマネジメントシステムで管理することにより，排水や廃棄物の削減，質的な改善も仕組み上は有効な手段となることを述べてきた．しかし，これには多くの企業が環境マネジメントシステムを構築し，実行計画として排水の量的削減，質的改善を「目的・目標」に掲げて努力を開始しなければ実行性が保証されない．環境マネジメントシステムを構築しても，万一，水環境の改善が「目的・目標」に掲げられなければ，実行されないことになる．

　こうした点から，サービス業，工業の零細企業や農業，個人を含む全事業への環境マネジメントシステムの構築は21世紀の早急な課題であるが，零細企業や農業などは，維持経費，運用性，人材的に実現までには相当の時間を要する．

　そこで考えられるのが，地域構成員として住民を含むすべての土地，施設を含む地域環境マネジメントシステムの構築である．環境に影響を及ぼす活動要素を水環境に限定するが，できるだけ細かく地域の環境側面(原因，要素)を洗い出し，

3.4 水環境管理と技術展開

地域の環境行動計画として「目的・目標」を定め，実行可能な対応手段を具体化する．手順や運用基準は，地域住民が中心となって設定し，監視や測定，記録をとり，地域の環境監査も ISO 14000 シリーズの規格を参考に運用ルールを定め，毎年見直しをする．問題は権限と責任，および日常的なシステム(仕組み)を維持する体制やチェックおよび是正措置の仕組みをどのようにするかである．個人や企業の権限と競合したり，チェックが本当に機能するかどうか，あるいは不適合を是正する対応が仕組みとして実現できるかどうか，さらにそうした運用のために必要な人材，設備，資金の提供が可能かなど課題も多い．しかし，自主的な仕組みとして規格に準じたシステムの構築が可能であれば，かなり有効な仕組みとなり，住民による自主的監視，測定も定着するかもしれない．そして何よりもシステムの是正や予防処置を通して総合的な水環境管理が実現することが期待できる．そこで，以下の流域の水環境マネジメントシステムを提案する(図-3.12)．

ただし，各エリアの目的・目標は，上位のエリアの目的・目標にまとめられて，

> 地域的な水環境マネジメントシステムは，3つのエリア規模によるシステムの統合として機能し，全体での最大エリアは，流域エリアが対象となる．流域エリアの中に，市町村的な地域エリアがあり，その中に生活単位，事業活動単位，土地利用単位の部門的エリアが存在し，その各エリアごとに環境方針と目的・目標が設定され，手順や基準が定められ，自主的に運用される．

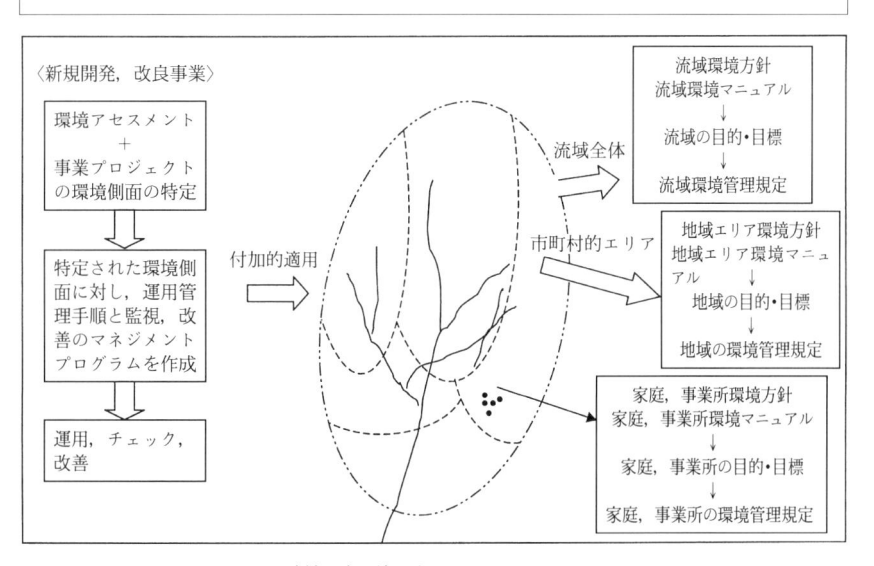

図-3.12 流域の水環境マネジメントシステムのイメージ

さらに流域の目的・目標となるが，水の量的，質的制御から必要であれば，エリアの独自対応の項目も設定されて運用される．例えば，開発事業や改修，改良事業のある場合には，影響の広がる可能性の範囲を設定し，環境アセスメントの中に開発後の維持，運用も含めて環境側面の特定を行い，それらの影響の監視と改善のマネジメントプログラムおよび運用手順を明確に位置づけ，該当エリアの中で対応できるように仕組みを構築する．開発事業者はそうしたマネジメントプログラムの実行に必要な資源を開発後も提供することとし，建設から維持管理の全費用対効果の検討も含めて総合的なアセスメントを行って事業決定をする(必要に応じてミティゲーションの検討や費用試算も含む)．

以上の水環境マネジメントシステムは，現状の水環境保全には現在の居住者，事業者が継続的改善に責任を持ち，新規開発事業については開発事業者が保全のためのシステム的な仕組みづくりから運用まで責任を持ち続けることにより，責任を明確にすることをイメージしている．循環型社会形成といった視点からは，事業の開始前から運用上の環境影響を想定して，どのように監視を含めて環境保全を行っていくかを明確にした改善(循環，リサイクルの実現)プロセスが必要である．

(2) 水環境の監視と管理技術[18, 19]

トータルな水環境の保全，改善の仕組みとしては地域環境マネジメントシステムの適用がイメージできる．しかし，実現性の課題としては，実行計画書といわれるマネジメントプログラムの具体化と運用の鍵となる特性の把握(監視，測定項目の設定と方法)がいつでも問題となる．ISO的な考え方とすれば，目標は実現できる確実なもので達成されなければならず，達成のための確実な方法をあらかじめ明確にするのがマネジメントプログラムである．そのプログラムには実行性をチェックする監視項目を設定するが，合理的で効率的な対応を行うには，環境データの採取，モニタリング，分析といったことが必要である．また，多様なセンサーなどによってリアルタイムの実態や状況が把握されることが望まれる．さらに，環境管理が「環境変化への適切な対応」であるならば，すべての水利用プロセスにおいてLCA(ライフサイクルアセスメント)を実施し，それぞれのプロセスデータとあわせて排出口での監視から得られたデータを直ちに分析し，問題があるか，懸念される場合は原因の究明と是正措置への対応が迅速に実施される

ことが必要となる．こうしたマネジメントシステムと連携して，測定，監視からシステム的な是正処置（必要な場合は予防処置も含む）までを合理的，効率的に運用できる個別技術が管理技術の総体である．

現在は，IT 革命といわれる高度情報化の技術が急速に発展している．入力さえすれば世界のデータが共有化され活用できるし，工夫された優れたセンサーがあれば，人手を要しないで，いつでもどこでもデータが入手できる．したがって，環境管理には，これら各種データを収集するネットワーク技術と入手したデータを整理，検討し，適切な対応の方向を判断できるソフト技術，人材が必要とされる．さらに人的対応およびそれをより精確に正しく判断できる支援技術が今後の管理技術では重要となる．

(3) 水環境管理の技術的課題

21 世紀における水環境の課題は，水の量的，質的制御と処理後に残されたスラッジ，スカム，ダストなどの不要物質を再資源化することや，より資源・エネルギー的に効率の良い処理がいかにできるかである．水環境管理は，そうした課題に向けて適切に対応されなければならない．

量的制御においては，有効利用，循環利用，カスケード利用などで本来必要な質に対応して適切な利用用途の方向をシステム化することであり，適切な統合，監視と量的コントロールの手法が必要となる．そして現在の水供給システムのどこから，どんな順序で変えていくのかを明らかにし，社会システムとしての構築を広範囲に議論すべきと考えられる．冷却水，洗浄水，流水など必要に応じて水に変わる代替物への転換も視野に入れ，新たな水資源開発をしなくても，地域的偏りやアンバランス，渇水期での対応も可能となる水利用方式を構築すべきである．

質的制御においては，現在ほとんど無防備である．排水規制として基準が決められているが，出口での定期検査と公共水域での定点定期観測で，現状の事後実態（汚濁後の確認）を把握しているにとどまっている．排水出口前での各企業，事業体ごとの排水処理施設は正常に稼働していることを前提とするため，万一，規制値を超える水質になったとしても排水を事前にストップする仕組みはない．有害物質が公共水域に漏れ出ない管理とは，工程内，水利用過程で有害物質を使わないことが理想であるが，万一使うのであれば流動プロセスや排水中でのチェッ

クが自動的になされ,万一問題があれば排水をストップする管理が必要となる.また,そうした課題のある排水を再資源化できるシステムを構築し,水処理再資源化の静脈産業を本格化する必要がある.

人間の生命,生態系の持続可能性を考えれば,安全な水としての排出規制を強化するとともに,より合理的な管理,モニタリングと排水ストップも可能となる管理手法が不可欠である.『PRTR推進法』が成立し,435種の有害物質の移動をよりきめ細かく管理することが現実となっていることから,水環境における出口での監視と制御がよりきめ細かくなることが求められ,そのためのより合理的で効率よい監視,制御技術が課題となる.特に上水道,工業用水道などの取水口の上流にある排水は日常的な連続監視技術と万一の場合にも確実に公共水域に排出されないシステムがいる.また,今後の生物の多様性の確保という点からは,ミティゲーション理論と手法を確立し,水界生態系の機能がいかなる場合にも保全される管理も重要となる.

再資源化や資源・エネルギー効率の向上は,ポイントの技術改良だけではなくプロセス全体の中に位置づけられたシステム技術の改善と工程の見直しとをあわせて検討する必要がある.これからの技術革新はエコロジー的な発想とIT的な工夫が解決の鍵となると考えられるし,さらに水利用におけるLCAの適用が技術革新を助けることになることから,水のLCA分析の手法確立も重要な課題である.

参考文献
1) 建設省河川局河川環境課:河川審議会答申「河川環境のあり方について」, 1981.
2) 建設省河川局河川環境課:河川審議会答申「今後の河川環境のあり方について」, 1995.
3) 建設省河川局河川環境課:河川審議会答申「21世紀社会を展望した今後の河川整備の基本的な方向について」, 1996.
4) 環境庁水質保全局水環境ヴィジョン懇談会:これからの水環境の在り方, 1995.
5) 中村靜夫:アルプスはなぜ美しいか, p.75, 集英社, 1990.
6) 平島・安達:悩める多自然型川づくり, 日経コンストラクション, 1993.
7) 足立考之:水環境における近自然河川工法の世界的な動向, 環境技術, 環境技術研究協会, Vol. 22, pp.633-640, 1993.
8) 足立考之:都市と水環境の共生, 都市の水環境の新展開(共著), 技報堂出版, 1994.
9) 足立考之:水環境の新しい流れ, 持続可能な水環境政策(共著), 技報堂出版, 1997.
10) 環境庁:環境白書(平成10年版), 総説.
11) 大久保昌一:震災復興都市の条件, 日本計画行政学会関西支部新防災都市計画研究小委員会「新防災都市計画小委員会」論文集(その1).

参 考 文 献

12) 萩原睦幸：図解 ISO が見る見るわかる，サンマーク出版，1996．
13) 細谷克也：品質システム要求項目の解説，日科技連出版，1993．
14) 吉田敬史：環境マネージメントシステム国際規格－ISO14001 作成の経緯と要求事項の意味－，東京海上 TALISMAN 別冊，No.54，1995．
15) 平林良人・笹徹：入門 ISO14000，日科技連出版，1996．
16) (社)日本能率協会：JISQ14001 EMS 環境内部監査員養成コーステキスト，(社)日本能率協会 品質・環境マネジメントセンター，1998．
17) 笹徹・小野隆範：環境側面と環境技術，日科技連出版，1998．
18) 高橋裕・河田恵昭編：水循環と流域環境，岩波講座地球環境学 4，岩波書店，1998．
19) 高橋裕・武内和彦編：地球システムを支える 21 世紀型科学技術，岩波講座地球環境学 9，岩波書店，1998．

第4章　新しい水環境創造技術の課題と展望

キャナルシティ博多
　昭和53年(1978年)に大規模な異常渇水を経験した福岡市では，水資源の有効利用が進んでいるが，市内の中心部に建設された「キャナルシティ博多」では，再生水を利用した新たな水環境が創造され，市民の憩いの場を提供している．

4.1 発生源負荷の削減と資源化の技術

　有機物に富んだ排水，汚泥などを原料として燃料をはじめ多種多様な有用物，有価物を効率よくつくり出す技術を確立することによって石炭，石油依存型社会から脱却することが可能となる．
　得られた生産物は，生物分解性にも優れていることから環境への負荷も小さい．二重の意味で水環境の創造に貢献することになる．

4.1.1　発生源の特徴

　水環境を汚染させている物質は，数え切れないほど多くある．したがって，それら物質を大別し，その発生源や環境中での挙動について特性を把握し，認識することが基本的に重要である．大きくは，自然界に元来存在していた物質と人工的につくり出された物質に分けることができる．有機物，無機物，易分解性，難分解性という分類も可能である．
　負荷削減技術の観点からは発生源の形態も重要で，特定点源か，非特定面源かによって同じ種類の物質でも技術そのもの，そしてその適用方法も自ずと異なってくる．点源としては，生産や事業の活動の場である工場・事業場と人の生活・生息の場である住宅関連施設とがその主たるものである．これに対して面源は，都市域では路面，農山地域では農地・森林などが主たるものである．こうした2つの発生源形態では，それぞれの汚濁物質排出形態も大きく異なり，前者においては，天候に関わらず日々日常的に汚濁物の発生と排出がともにあるが，後者は，農地などでは季節によって汚濁物の要素が変わるうえ，排出はすべて降雨時に雨水流出に伴って生じる．2つの発生源でみられるもうひとつの大きな特徴は，主たる汚濁物質の種類やその濃度の違いである．概略その特徴をあげると，点源では濃度は高いが量は少ない，面源では濃度は薄いが量が多い，ということである．
　資源化という点からは，まず点源負荷の削減との関連で第一に取り組まなければ

ならないが，面源負荷も流域によっては全負荷に占める割合が高く，当然のことながら水環境の改善においてその削減はきわめて重視される．しかし，面源負荷は，無機質や難分解性物質が多いだけでなく，大量かつ低濃度であることから削減・資源化は点源負荷に比べて容易ではない．

一見単純にみえる汚濁発生源とその排出過程ではあるが，都市域の中心に建設されている下水道によってその関係は複雑になっている．このことについての正確な現状認識の有無が有効な技術開発やシステムの構築の鍵を握っているといっても過言ではない．つまり下水道は，多くの人口を抱える大都市ではほとんどその建設を終わっている．汚水と雨水の両者の同一管渠による排除とその処理システム（合流式下水道）は，大都市の下水道の基本となっており，汚濁物質の挙動を把握し，その有効な削減方法について言及するうえで検討対象から外すことはできない（4.6参照）．

4.1.2 有機物の資源化

有機物による環境汚染の防止に必要な方法やシステムは，廃水や廃棄物という形で排出される有機物を資源やエネルギーの原料であるとしてとらえ直すことを前提として真にその効果が発揮される．原料である限り，それには価格がつき，商品としての価値を持つわけである．それはさらなる付加価値のついた商品を生み出す．

こうした考えを基本において BOD，COD がきわめて高い排液や液状廃棄物，さらには固形廃棄物についての適正な資源化技術をあげると，肥料化，燃料化，飼料化といったほとんど従来技術の枠内にあるものにすぎないといえる．この他，食品製造工場排液のようなものは，有価物を多量に含んでおり，分離，精製という方法により物質そのものを回収することが可能になる場合もあるが，数少ない特殊な例といえる．

燃料化のうち，メタン回収を積極的に行い資源化するシステムは，有機性廃棄物，特に大都市の下水汚泥を対象に実施されてきた．家畜糞尿，生ゴミ，し尿においても次第に取り組まれるようになってきているが，実効性を考えると規模などとの関係で容易ではない．もっとも，下水汚泥の場合でも，小さい規模では有効な方式がないのが現状である．その点，メタンを直接に燃料として利用するの

ではなく，原料として都市ガス会社に供給するという方法は，まだ実績は少ないものの期待が持てる．

　メタン発酵の技術的課題は，固形物の可溶化とメタンガスの回収率を高めるということである．固形物の可溶化の方法には，物理的，化学的，生物学的な方法がある．固形物といっても種々あり，最も適した方法を用いることが必要であるが，場所や設備費の関連からは，できれば新たな施設や機器を導入することなく目的が達せられるならばそれに越したことはない．例えば，生物活性剤や助剤などの添加剤を反応槽に投入するだけで可溶化，さらにはガス化が促進するような技術が望まれる．なお，メタンに代わり水素を燃料として回収するのもひとつであり，地球温暖化の抑制という点からも期待したい技術である．

　他方，有機物をメタンや水素といった燃料ガスとして資源化する方法とは別に，種々の製品の原材料となる物質として資源化する方法についての研究も芽生えてきており，21世紀には花を咲かせたいところである．例えば，プラスチックやポリマーの製造である．いずれも生分解性に優れたものであり，環境負荷の少ない製品ということが特徴である．有機酸を経て生成されるという意味では，メタン発酵のプロセスと一部共通するが，最終生成物はまるで違ったものとなる．有機酸の生成・回収とその資源化の技術のさらなる発展が21世紀に期待できる．

4.1.3　面源負荷対策

　面的な汚濁発生源としては，都市部の路面と農山村部の農地が代表的なものであり，それぞれ主要汚濁物質やその流出特性が異なる．したがって，負荷削減方法も自ずと違ったものとなる．

　都市部では，基本的には下水道によって排水区内発生下水（汚水，雨水）の集水と処理がなされる．その範疇には面源汚濁物質も入っているが，あくまでも重点は点源負荷対策にあり，面源負荷にはない．本来，面源負荷そのものが排水区内負荷に占める割合が小さかったこともあり，下水道はそれを有効に削減するシステムにはなっていない．

　合流式排除方式は，大都市に多くみられる下水道システムであり，降雨時における流出面源負荷の下水管への取込みを行うが，そのすべてが処理施設にて処理されるわけではなく，負荷削減効果には限界がある（**1.1**，**4.6**など参照）．合流

式下水道には，面源汚濁物質として有機物に限らず重金属やベンツピレンといった有害な物質も含まれてくるとの報告もあり，この点からの物理化学的処理方法を中心とした対策を講じる必要がある．

分流式排除方式は，新しく下水道を計画する際の基本的考え方であるが，面源負荷に対しては全く配慮されていない．雨水流出水の水質改善対策として，排水区と放流先との関係にもよるが，物理化学的処理法の導入を図るなど抜本的な見直しが必要である．

一方，肥料由来の窒素，リンや有機物を発生させる農地を主とする地域では，いわゆる下水道施設は無く，汚濁物質の有効な削減方法を見出すのは容易なことではない．しかし，都市部とは異なり，自然の浄化機能を利用する余地はある．水質浄化に植生や土壌を活用することは目新しいことではないが，低濃度かつ大量の水を対象にした本格的な研究開発については皆無に近いといえる．できれば地表水，地下水を組み込んだ水循環系との連結利用が可能なシステムを構築することが望ましい．とりわけ土壌を主体とした浄化方法(土壌浄化法)は，BOD，窒素，リンのみならず，一部の外因性内分泌撹乱化学物質(環境ホルモン)に対しても有効であることが確認されている．多様な機能を有する土壌の特性を十分に生かしたシステムを考えていく必要がある．

4.2 水環境の計測と評価技術の新展開

水環境の保全・改善に対する行政の施策が実効を持つためには，水質の現状，汚濁発生源，そしてその負荷量を正確に把握する必要があるし，水質汚濁のメカニズムを明確に把握することも当然欠かせない．

適切な地点，適切な頻度の測定による正確な水質の現状把握が大切である．また，汚濁発生源における汚濁物質排出量の計量では，工場排水，下水処理排水などの点源では比較的容易であるが，路面排水や農業排水などの面源では発生源が面的な広がりを持ち，晴天時と降雨時の汚濁流出量に大きな開きなどがあり，正確を期すことは困難である．

しかし，21世紀における実りある新たな展開のために，水環境の計測とその評価の現状分析から今後のあり方について考察する．

4.2.1 水質観測の現状と課題

(1) 水質観測体制の現状

水環境に関わる行政機関の環境，下水，河川部局，さらに水利用としての上水道，工業用水道では，それぞれの立場から水質を測定し，また，工場などでは，公共用水域あるいは下水道への事業場排水について水質を測定している．

環境部局(都道府県)は，『水質汚濁防止法』第16条に定める「公共用水域の測定計画」に基づき，環境基準の達成状況や水質汚濁状況を把握するため環境基準点を含む公共用水域の水質を観測している．

下水道では，『下水道法』第12条の11に定める「水質測定の義務等」に基づき，『下水道法』に定める放流水基準や『水質汚濁防止法』に定める排水基準への適合状況を把握するために放流水の水質測定を行っている．

また，水道事業者は，『水道法』第20条に定める「水質検査」に基づき，水質基準への適合状況などを把握するために水道水の水質を測定し，あわせて水源，原水の水質も測定している．

排出水を排出するもの(工場など)は，『水質汚濁防止法』第14条に定める「排出水の汚染状態の測定等」に基づき，排水基準への適合状況などを把握するために排出水の水質を測定している．

測定項目は，『環境基本法』，『水質汚濁防止法』，『下水道法』，『水道法』などで定められている．

測定方法は，法定で定められた分析方法があるが，pH値，COD，濁度，リン，全窒素といった一部の項目では自動観測も行われている．

琵琶湖・淀川の事例

① 測定地点：琵琶湖・淀川水系は2府4県にまたがり，166市町村がある．これらの行政体の各部局は，それぞれの立場から水質を測定している．その他，淀川の河川管理者としての建設省，ダム管理者としての水資源公団でも，環境基準の達成状況を把握するために環境基準点やダム湖などにおいて水質

を測定している.

水系内の水質環境基準の類型指定地点は109地点[4]となっており,それらの地点ごとに水質測定が行われている.さらに,その他の地点でも測定されており,あわせて218地点[5]で測定されている.また,琵琶湖・淀川水系には56[6]の浄水場があり,それぞれの取水地点や水源での水質を測定しており,測定地点数は176地点となる.

流域面積8 240 km^{2}の琵琶湖・淀川水系では,環境基準地点および浄水場取水地点の394地点が公共用水域の水質測定の対象となっていることになり,単純に計算すれば,平均約20 km^{2}に1地点の観測地点があることになる.これは,世界に類をみない高密度な水質観測体制である.

② 測定項目と頻度:測定項目・頻度は,『水質汚濁防止法』に基づく水質測定計画あるいは水道法に準拠してそれぞれの機関で決められている.

- 水質測定計画に基づく測定;測定項目は,水質環境基準で定める「人の生活環境の保全に関する環境基準項目(5項目)」および「人の健康の保護に関する環境基準項目(26項目)」あわせて31項目,その他,窒素,リンのような富栄養化関連項目などについて,最大で30項目程度測定されている.

 測定頻度は,BOD,COD,SSといった生活環境の保全に関する環境基準項目については,毎月1〜2回,その他は年1〜6回程度[7]となっている.

- 浄水場での水質測定;『水道法』で定める水道水の水質基準項目46項目に加え,水質基準項目を補完する快適水質項目(かび臭物質濃度や臭気強度など13項目)および監視項目〔35項目(最近2項目が追加された)〕,さらに,塩素要求量,アルカリ度といった浄水処理上必要な項目,および農薬などが測定されており,最大で200項目程度となる.

 測定頻度は,濁度やpH値など浄水処理の指標として欠かせない項目については毎日となっている.その他については月1〜2回,またはそれ以下[4]である.

③ 自動観測:水質の自動観測は,突発性水質事故の早期発見や水質の詳細な変動をみるうえで有効な手段である.

琵琶湖・淀川流域では,琵琶湖で28箇所,淀川流域で21箇所[7]に設置されている(**図-4.1**).

琵琶湖に設置された自動観測設備(安曇川沖総合自動観測所)の例を**写真-4.**

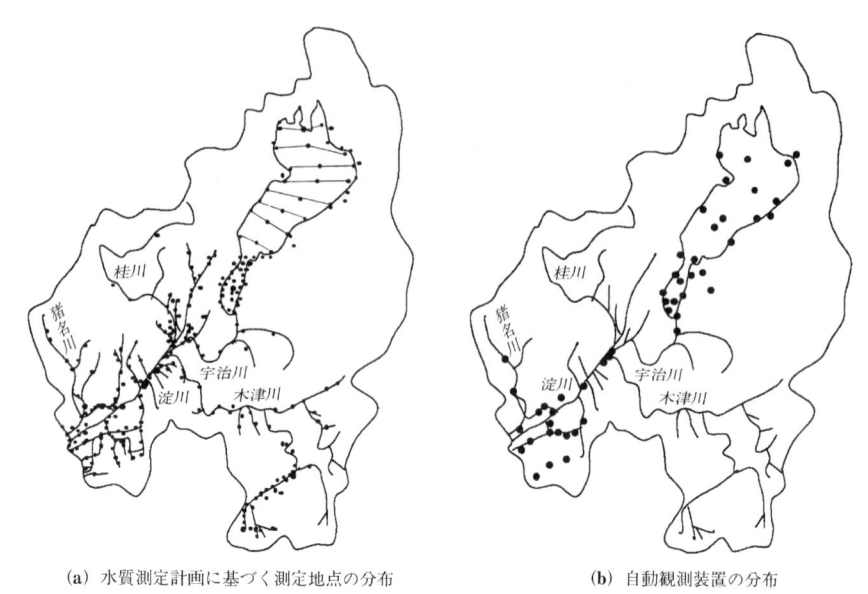

(a) 水質測定計画に基づく測定地点の分布　　　　(b) 自動観測装置の分布

図-4.1　水質測定地点の分布[8]

1に示す．

観測項目[9]は，水質関係では，水温，pH値，DO，電気伝導率，濁度に加え，湖沼の富栄養化に関連する全リン，全窒素，クロロフィルa，CODの9項目，水理データでは，水位，波高，周期，気象データでは，風向，風速，気温，露点温度，雨量，表面水温などとなっている．

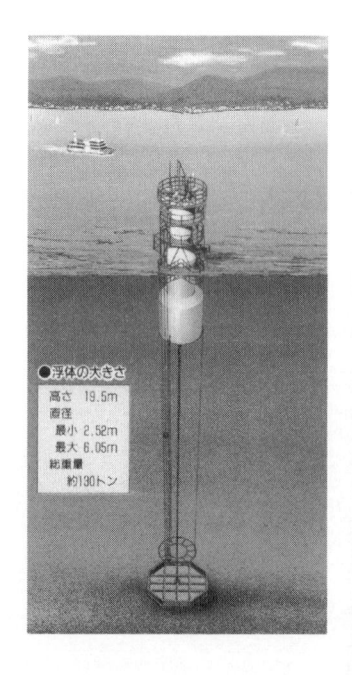

写真-4.1　安曇川沖総合自動観測所イメージ図（北湖中央センター）[9]

(2) 課題

上述したように，琵琶湖・淀川流域においては，多数の地点において多数の水質項目を高い頻度で，一部の項目については連続測定を行うなど，きわめて緻密な観測体制がとられ，これらの観測結果に基づき現状水質の把握と現状施策の検討を通じて，必要に応じて新たな施策の展開が図られている．

しかし，以下のような課題がある．

a．水質汚濁メカニズムが不明

滋賀県では，琵琶湖北湖の28定点，南湖19定点の水質環境基準項目などを継続して観測している．その結果[11]によれば，図-4.2に示すように定点の平均値でみると，BODは1981年(昭和56年)の0.9 mg/Lから年々減少していき，

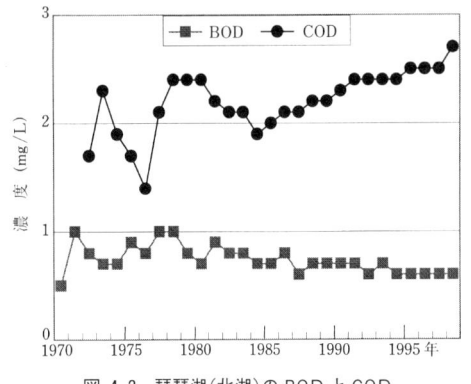

図-4.2 琵琶湖(北湖)のBODとCOD

1998年(平成10年)では0.6 mg/Lと16年間で33%も改善されている．しかし，CODは1984年(昭和59年)に1.9 mg/Lであったものが1998年では2.7 mg/Lと13年間で42%増加している．

この結果のみで推定する限り，易生物分解性の有機物が減少し，難生物分解性の有機物が増加し，有機物総量としても増加していることを示している．しかし，一方では，CODは琵琶湖への流入負荷が1990年(平成2年)から1995年(平成7年)にかけて5%減少(60.6 t/日から57.4 t/日へ)しているという国土庁の調査結果[12]がある．以上のようにCODとBODの乖離，COD負荷量の減少とCOD濃度の増加といった，これまでの知見では解明できない現象が生じている．

この原因を究明することは，今後の琵琶湖の水質保全対策を実効あるものとすることに重要な意味を持つことになる．

原因究明にあたっては，水質測定結果が琵琶湖全体の現状を表しているかが第一に検討されなければならない．現状の定点はほとんどが表層であることから，BODとCODの乖離が深層においても生じているといい得る証拠は何もない．

今後は琵琶湖全体の水塊の水質を把握できるような観測体制が必要となろう．さらに，琵琶湖内の現存量の把握，湖内の物質変換，負荷量の正確な算定を念頭

においた水質観測のあり方を検討すべき段階にきている．

b．**観測データの効率的活用の不足** 各事業体は相当の投資をして個々の目的達成のために観測している．そして，流域全体では，測定地点・項目数は十分すぎるほどである．しかし，流域全体にとってみれば得られたデータが有効に活用され，投資に見合う効果を回収しているとは考えられない．

今後は流域全体の水環境を効率的に有効に把握するシステムが必要である．

(3) 水質保全・改善のための水質観測

水質保全・改善に関する効果的な施策には，水環境に関する正確な情報の把握が必要である．国土庁によれば，総合保全に向けた水質観測の「具体的内容を検討するにあたっては，水質変化が流入する汚濁物質や湖流，生物活性などにより引き起こされていることを念頭に起き，これら現象を捉えられる空間の尺度，時間の尺度に着目し，観測地点，頻度を設定する必要がある」[13]としている．

特に，湖沼などにおける物質収支を求めるうえでは，流入負荷量の多くを占める降雨時の測定が重要となる．そのためには，連続して観測できる水質モニターを設置することが必要である．現状では水質モニターで実用的に測定可能な項目は限られており，新規の開発が求められる．

4.2.2 モニタリング手法の今後の方向

(1) 流域モニタリングシステムの設置

a．**ライン川の事例** 水質事故などに備え，ICPR(国際ライン汚染防止委員会)[14]はスイスから下流のオランダまでの8箇所に国際警報センターを設置し，水質異常時には，各センターに事故の内容を通報するシステム(図-4.3)を構築している．本システムでは

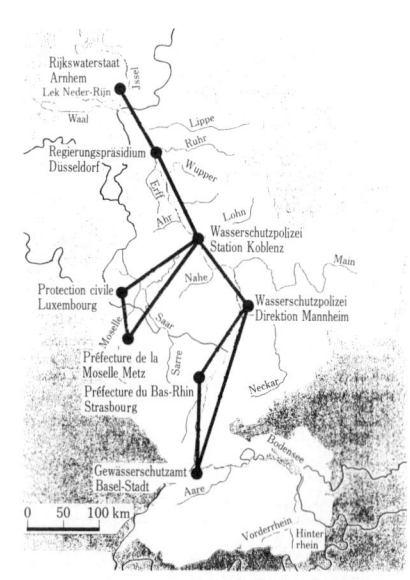

図-4.3 ライン川の水質モニタリングシステム[14]

水質予測モデルにより，到達時間，予測濃度を計算し，その結果も提供できるようになっている．

b．ミシシッピー川の事例　ミシシッピー川下流域のルイジアナ州環境部[15]は，河口部上流79 km地点〜780 km地点までの6地点で毎月75項目について測定している．

また，別途，有機化合物早期検出システム(EWOCDS)を構築し，河口部154 km地点〜373 km地点までの9地点で毎日2回〜24回，ガスクロマトグラフによって有機化合物20項目を測定している．

異常があれば，水道事業体など水利用者へ警報を出すこととなっている．

c．リモートセンシング技術の利用　リモートセンシングとは，航空機，人工衛星に光学的観測機器を搭載し，広領域の波長の光を地上に照射し，その反射光量を測定することにより，土地・水環境の状況に関する情報を得る技術である．

土地に関しては，植生，市街地などの利用状況がわかる．水環境に関しては，水温，透明度，濁度，SS，クロロフィルa，湖辺の水生植物相などが観測できる．また，湖沼でのプランクトンの異常増殖の状況がわかる．

さらに，過去の水質データとの相関関係により湖沼および流域の面的水質・土地利用状況の推移がわかる．

現状のセンサーの分解能はLandSatで8〜30 mであり，径80〜300 m以上の湖沼であれば適応は可能である．今後は高分解能のセンサー搭載の衛星が打ち上げられることから，ますます有効な水環境観測の手段となるものと考えられる．リモートセンシングの概念図を**図-4.4**に示す．

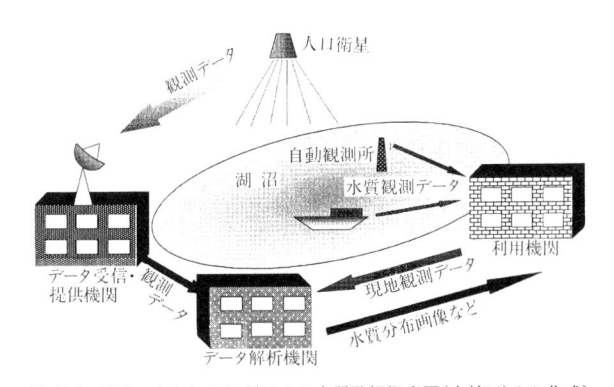

図-4.4　リモートセンシングによる水質監視概念図〔文献16)より作成〕

表-4.1 ミシシッピー川下流域のモニタリングシステム[15]

(a) モニタリング点

毎月のモニタリング点(6地点)		
地　点　名	地　区　名	マイルポイント(mile) ( )内はkm換算
Providence 湖	East Carroll 区	484　(778.9)
St. Francisville	West Felciana 区	266　(428.1)
Plaquemine	Iberville 区	208　(334.7)
Lutcher	St. James 区	147　(236.6)
Belle Chasse	Plaquemines 区	76　(122.3)
Pointe A La Hache	Plaquemines 区	49　(78.9)

有機化合物早期検出システム(EWOCDS)モニタリング点(9地点)		
機　関　名	地　区　名	マイルポイント(mile) ( )内はkm換算
Exxson Rofinery	East Baton Rounge 区	232.0　(373.4)
Dow Chemical	Iberville 区	209.6　(337.3)
Vulcan Chemical	Ascension 区	183.6　(295.5)
Peoples Water Service Company	Ascension 区	175.5　(282.4)
St. James Waterworks #2	St. James 区	152.2　(244.9)
Shell Refinery	St. Charles 区	126.0　(202.8)
Monsanto Chemical	St. Charles 区	120.0　(193.1)
New Orleans Carrollton Waterwork	Orleans 区	104.7　(168.5)
New Orleans Algiers Waterworks	Orleans 区	95.8　(154.2)

(b) 水質モニタリング項目

一般項目(25項目)
　　導電率，溶存酸素，pH，透明度，水温，アルカリ度，色度，硬度，濁度，硝酸・亜硝酸性窒素，総リン，ケルダール窒素，TOC，硫酸イオン，塩素イオン，溶解性物質，SS，糞便性大腸菌群数，ヒ素，カドミウム，クロム，銅，鉛，水銀，フェノール

揮発性有機化合物(31項目)
　　ベンゼン*，フロモジクロロメタン*，ブロモメタン，ブロモホルム*，四塩化炭素*，クロロベンゼン*，クロロエタン，2-クロロエチルビニルエーテル，クロロホルム*，クロロメタン，ジブロモクロロメタン*，1,2-ジクロロベンゼン，1,3-ジクロロベンゼン，1,4-ジクロロベンゼン，1,1-ジクロロエタン*，1,2-ジクロロエタン*，1,1-ジクロロエチレン*，trans-1,2-ジクロロエチレン，1,2-ジクロロプロパン*，cis-1,3-ジクロロプロペン，trans-1,3-ジクロロプロペン，エチルベンゼン*，ジクロロメタン*，1,1,2,2-テトラクロロエタン*，テトラクロロエチレン*，トルエン*，1,1,1-トリクロロエタン*，1,1,2-トリクロロエタン*，トリクロロエチレン，トリクロロフルオロメタン，クロロエチレン
　　*印の20項目は早期有機物質警報システム項目

農薬，PCB類
　　アルドリン，α-BHC，β-BHC，γ-BHC，δ-BHC，クロルデン，4,4'-DDD，4,4'-DDE，4,4'-DDT，ディルドリン，エンドスルファン，エンドスルファンⅡ，硫酸エンドスルファン，エンドリン，エンドリンアルデヒド，ヘプタクロル，ヘプタクロルエポキシド，トキサフェン，PCB アロクロール 1016，1221，1232，1242，1248，1254，1260

注)　1992年以降，minnow(コイ科の淡水魚)を用いた生物毒性試験を取り入れている．

(2) 新しい水質観測機器の開発

a．潜水ロボット　　琵琶湖のように水深が深く広い湖では，従来のような船上からサンプリングして水質観測する方法では，湖内での状況を詳細に観測することは不可能であった．その解決に向けて，1999年(平成11年)度に滋賀県琵琶湖研究所他では環境調査を目的とした自立型潜水ロボット[17]を製造した．

その特徴は以下のとおりである．
- 自立航行型(または遠隔操作)．
- 水中顕微鏡を搭載し，プランクトンの計測可能．
- 水温，DO，濁度，pH，クロロフィル測定．
- 立体的観測可能，特に湖底の状況把握に力を発揮．

写真-4.2　淡探[17]

b．ゆうきセンサー　　上水道においては，連続して水源から取水し浄水処理して水づくりを行っており，安全で良質な水を常時送るために取水口における水質をモニターで常時監視している．一般的にモニターによる監視項目は，濁度，pH値，アルカリ度などの浄水処理に必要な水質項目である．

しかし，淀川のように繰り返し水利用が行われている河川では，有害物質の流出事故が頻繁に発生しており，飲み水の安全性にとって脅威となっていることから，大阪府営水道[18]は有害有機物を連続して測定可能な「ゆうきセンサー」(図-4.5)を開発し，1997年(平成9年)から浄水場取水口に設置している．

その特徴は次のとおりである．
- 揮発性有機化合物23種(水道水質基準項目16，監視項目7)をガスクロマトグラフにより1時間に1回連続測定．
- 定量限界；水質基準または指針値以下の数μg/Lオーダー．
- これまで，工場からのジクロロメタン流出を検出し，浄水場での早期対策に

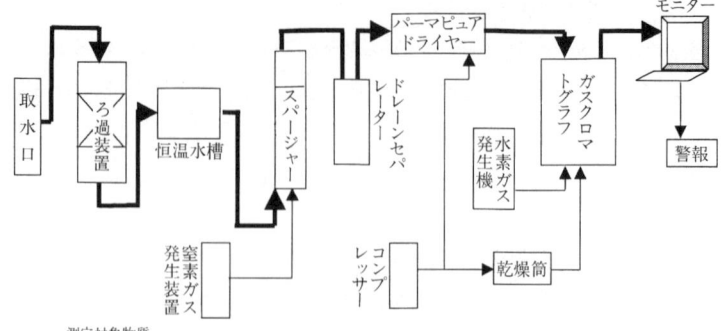

図-4.5　ゆうきセンサーの構成図〔文献18)より作成〕

測定対象物質
トリクロロエチレン，テトラクロロエチレン，四塩化炭素，1,1,2-トリクロロエタン，1,2-ジクロロエタン，1,1-ジクロロエチレン，*cis*-1,2-ジクロロエチレン，ジクロロメタン，ベンゼン，クロロホルム，ブロモジクロロメタン，ジブロモクロロメタン，ブロモホルム，*cis*-1,3-ジクロロプロペン，*trans*-1,3-ジクロロプロペン，1,1,1-トリクロロエタン，*trans*-1,2-ジクロロエチレン，トルエン，*p*-キシレン，*m*-キシレン，*o*-キシレン，*p*-ジクロロベンゼン，1,2-ジクロロプロパン

効果を発揮．

(3) 既存水環境観測システムの見直しと新たな展開

a．現状観測データの有効活用　　流域各府県や近畿地方建設局では，それぞれ独自に水質の監視システムや情報処理システムを構築している．収集されたデータは現在のところ各行政体内での利用が主体となっている．今後の琵琶湖・淀川流域の水質保全策を実効あるものにするためには，流域のすべての機関・住民が水環境情報を共有し，共通の認識を持つことが必要である．

そのためには琵琶湖・淀川流域の水環境情報を集約して管理する水環境情報センター(図-4.6)の設立がひとつの選択肢であると考えられる．情報源は，行政の各部署，水利用団体，事業場などの汚濁発生源，大学・研究機関・NGOなどであり，情報の種類は，水環境に関わるすべてのデータとし，オンラインデータも含むものとする．情報収集・提供の手段としてはインターネットの利用が最も容易である．

水環境情報システムの構築促進策として，工場，住民，研究者などで得られた情報については，水環境情報センターが購入することが考えられ，同センターのホームページ上に広告を掲載し，その広告料などで購入費用を捻出することも検討できる時代となりつつある．

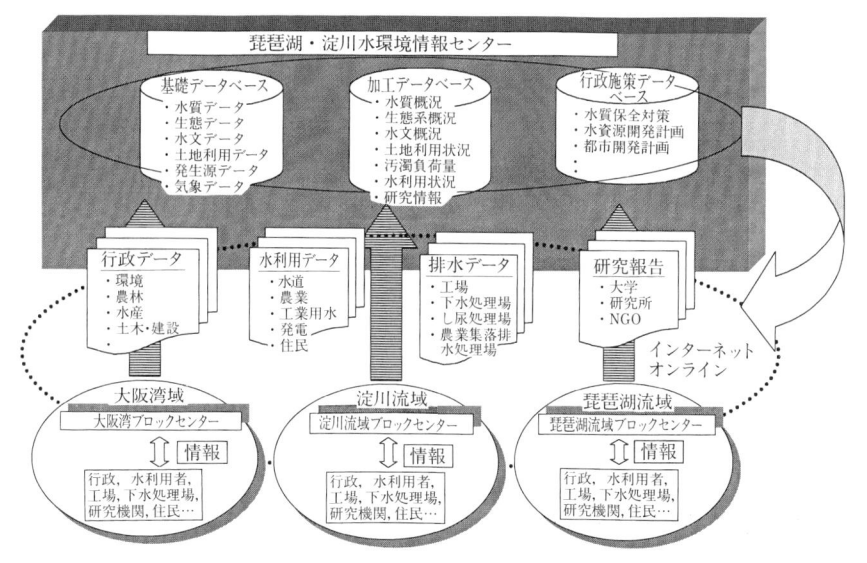

4.2 水環境の計測と評価技術の新展開　　　123

図-4.6　新たな水環境情報システムイメージ

4.2.3　総合的な水環境の評価手法の確立に向けて

　水環境の保全あるいは改善とは，現状の水環境の価値を維持することあるいは高めることである．

　水産，農業用水，水道，工業用水，発電，景観，フィッシング，水浴，生物の生息など多様な価値があり，それぞれの立場で評価基準は異なる．

　水利用の面では環境基準(生活環境項目)において，水道，水産，工業用水，環境保全に分類されている．環境基準は行政上の目標としての基準であり，環境基準の類型指定にあたっては，水質汚濁の現状を踏まえ水域ごとの利用目的に応じそれぞれの水域の特性を考慮して設定されており，合理的な方法といえる．

　しかし，今後は環境基準を礎としながら，多種多様な地域のニーズを十分に汲み取ったうえで，水質保全施策を実行することが必要である．

　そのためには，これからの水環境の保全・改善策の策定にあたっては水環境の客観的な総合的な評価を行い，各種のstakeholder(利害関係者)とともに，これを今後どの程度まで高めていくのかを考えていく必要がある．

　総合価値 V_C は次式で示される．

$$V_C = \Sigma f_i \times V_i \qquad (1)$$

ここで，f_i は重み係数（0～1）であり，行政的施策，住民の意思，経済活動などにより決まる係数であり，時代の価値観とともに変化する場合がある．

V_i は個別価値であり，例えば，以下のように表現できる．

V_1：漁業にとっての価値＝f（漁獲量，生物多様性，水質，水量，……）

V_2：農業にとっての価値＝f（水量，水質，水温，……）

V_3：水道にとっての価値＝f（水質，水量，……）

V_4：遊泳にとっての価値＝f（水質，水量，水温，……）

V_5：景観上の価値＝f（植生，水質，水量，……）

V_6：……

式(1)に基づいた水環境改善のイメージは図-4.7ようになるが，今後は V_i の数量化あたって，例えば変数である生物多様性や植生を求めるための観測はいかにあるべきかといった，水環境の観測のあり方についての検討が必要となろう．

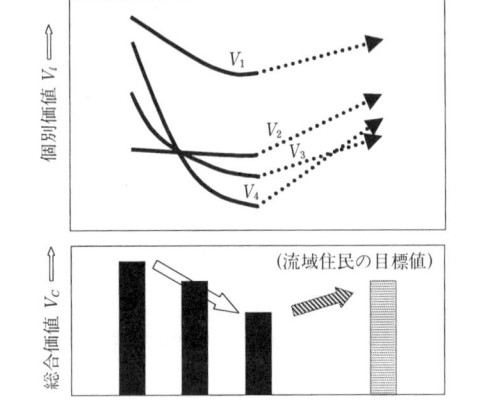

図-4.7 水環境改善目標のイメージ図

4.3 膜処理技術の可能性

現在多用されている自然の浄化機構を真似た水処理は，特別な汚染を受けていない水を大量に処理するには適している．しかし，処理対象とする水質が多様化し，微量有害成分への個別の対応が求められる昨今では，高度浄水処理や超高度下水処理と称し，在来型水処理のほとんどすべてを組み合わさなければ健全な水循環システムを維持できない状況に陥りつつある．今後ますます健在化するであろう現在の水質指標の枠組みを超えた新たな汚染物質

> に対しては，もはや自然の浄化機構を真似た在来型水処理のみによる対応は困難と予想され，技術体系が全く異なる膜処理に期待するところはきわめて大きい．膜処理特有の「ふるい分け作用」に基づくほぼ確実な分離機構が複雑化する処理対象物質にどこまで対応できるかが大いに注目される．

4.3.1 在来型水処理の限界

(1) 処理対象水質の多様化

既存の浄水処理や下水処理のシステムは，特殊な汚染を受けていないことを前提に構成・運用されており，その水質は，処理の目的に応じて総括的に評価されている．例えば，水の濁りと色の原因となる粘土成分やフミン質は濁度・色度として，糞便汚染の状態は水中での生存力が最も強いとされる大腸菌群数として，自然界に放出されると嫌気状態(水中に酸素が無い状態)を引き起こし得る成分はBODやCODなどの酸素要求量として，それぞれ表し，それらを中心的な処理対象項目に据えることで対応してきた．しかし，昨今の水環境を取り巻く情勢は大きく変化し，水の繰返し利用が進む河川流域の下流部では，人口の集中に伴って下・排水やノンポイント汚染源に由来する様々な成分を含む水を飲料水の水源とせざるを得なくなってきた．また，測定技術の進歩に伴って高感度の分析が可能となり，外因性内分泌撹乱化学物質(環境ホルモン)に代表されるppbあるいはpptオーダーの微量汚染物質やクリプトスポリジウムのような耐塩素抵抗性のきわめて強い原虫の存在が確認されるなど，これまでの水質指標の枠組みを超えた新たな問題が顕在化してきた．このような状況のもと，浄水処理や下水処理では，従来の総括的指標に基づいて水質を一括管理することでは徐々に対応しきれなくなり，危険性(リスク)を含む個々の成分に対し個別に対応せざるを得なくなりつつある．しかも，その処理にはlogレベルの除去(99.99…%のどこまで削減可能か)の厳格さが求められ，水処理システムの運用を一層困難にしている．

(2) 生物分解速度の遅い有機物への対応[19]

現在，流域に大都市が隣接する地域の下流に位置する都市では，表-4.2に示す広範な溶解性有機物に対応する在来型水処理プロセスを組み合わせた「高度浄

水処理システム」が積極的に導入されている．しかし，複雑な有機物群が混在する原水中にはこれらを組み合わせても十分に除去されないものが存在する．例えば，生物分解過程の中途で生産される代

表-4.2 溶解性有機物と在来型水処理プロセスの対応

処理方式	除去対象有機物
凝集処理	高分子有機物(疎水性)
活性炭吸着処理*	低分子有機物(疎水性)
生物処理*	低分子有機物(親水性)

* 生物活性炭として一体化される場合が多い．

謝廃成分で，下水放流水中にはほぼ一般的に溶存していると考えてよい高分子多糖類やタンパク質は，高分子ではあるが，比較的親水性が強いため凝集処理を行っても完全には除去されない．また，微生物による酸化・分解は可能であるが，分子量が大きいために分解速度が遅く，水処理で利用できる程度の滞留時間(数時間程度)ではほとんど変化しない．したがって，生活排水や下水処理水の混入割合の高い水を水源とする場合には，高度浄水処理を行ってもこのような有機物が処理水中に残存し，送・配水管の壁面や貯水タンク内における細菌の再増殖，ひいては二次的な水質汚染を引き起こす要因となり得る．

図-4.8に示すように，水の繰返し利用が進む淀川には，この「生物遅分解性有機物」が下流部の表流水中に含有する全溶存有機物の約1/5〜1/4を占めている．今後，水利用の形態が多様化し，下水の直接的な再生利用を行うような場合には特に配慮が必要となろう．

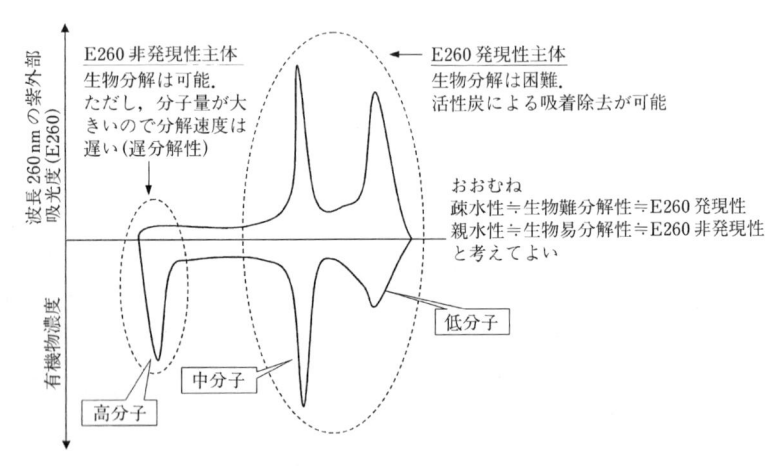

図-4.8 淀川表流水(下流部)中に含有する有機成分の分子量分布[20]

(3) 微量汚染物質への対応

在来型の水処理技術は，一般に，処理対象とする成分の濃度が低いほど処理効率が低下する．例えば，凝集処理の場合，原水濃度が低ければ良好なフロック形成を行うために必要な GC_0T 値（撹拌強度×成分の体積濃度×撹拌時間）を確保できなくなり，撹拌時間の延長（T 値の増加）や必要以上の凝集剤を添加（C_0 値の増加）しなければならない．また，低濃度領域において，生物処理の場合は基質（下・排水の場合は BOD）の分解速度が，活性炭吸着処理の場合は平衡吸着量（単位活性炭当りに吸着する物質の量）が，それぞれ低下することが知られている．

さらに，微量汚染物質は，多くの場合，天然水や下・排水中において ppm オーダーの溶解性有機物と共存しており，微量成分の除去性はこれら共存する他の成分の処理性によって大きく左右される．例えば，農薬その他の微量有害有機成分の最も有力な除去法である活性炭吸着処理を行っても，図-4.9 に示すように他の高濃度成分との間で競合吸着が起こり，結果として活性炭が本来持っている吸着能を十分に発揮できなくなる．粒状活性炭を充填したろ層に原水を連続的に通水する固定床吸着方式（現行の高度浄水処理方式）を採用した場合には，ppm オーダーの有機成分が通水当初に大量に活性炭に吸着する結果，細孔の閉塞が顕著となり，後から流入する微量成分の吸着が著しく阻害される．

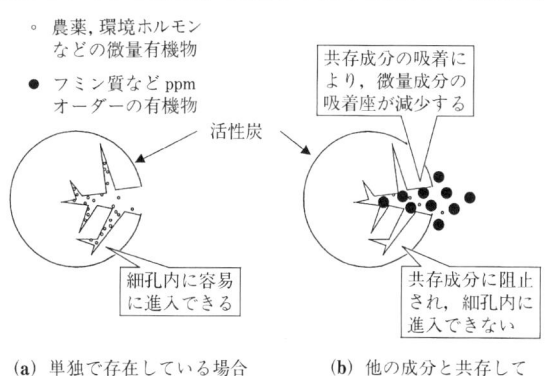

図-4.9 微量成分の活性炭吸着

4.3.2 膜分離プロセスの利点

(1) 「ふるい分け作用」に基づく物質の分離

表-4.3 に示すように，在来型の水処理を組み合わせるだけでも水中に存在する物質の相当部分に対応することができる．しかし，数 μm〜0.1 μm といったコ

表-4.3 各水処理プロセスの除去対象範囲

大きさ	物質例	在来型水処理	膜処理
1 mm	砂	沈殿 ↕ / フロック形成 ↑	MF UF NF RO
100 μm		砂ろ過 ↕	
10 μm			
1 μm	粘土		
100 nm	細菌	凝集	
10 nm	有機物	吸着または生物分解 ↕	
1 nm			
100 pm	イオン	直接分離不可	

MF：精密ろ過（micro filtration），UF：限外ろ過（ultra filtration）
NF：ナノろ過（nano filtration），RO：逆浸透（reverse osmosis）

ロイドサイズの成分については，水中から直接分離・除去することができないため凝集・フロック形成を行って粗大化させた後，沈殿や砂ろ過によって分離している．この領域には，水の美観に影響を与える粘土粒子，色度成分，藻類，また，大腸菌やクリプトスポリジウムのような細菌，原虫など，水環境や公衆衛生上きわめて重要な意義を持つものが多数含まれる．現状では，砂ろ過がこれらを除去するための最終手段として用いられ，十分な管理を行うことにより飲料水レベルの質の高い処理水を確保している．しかし，その砂ろ過でも，図-4.10に示すように，砂層間隙の大きさがコロイド成分に比べてはるかに大きいため，砂層内におけるふるい分け作用はさほど期待できない．緩速ろ過であれば，砂層表面に形

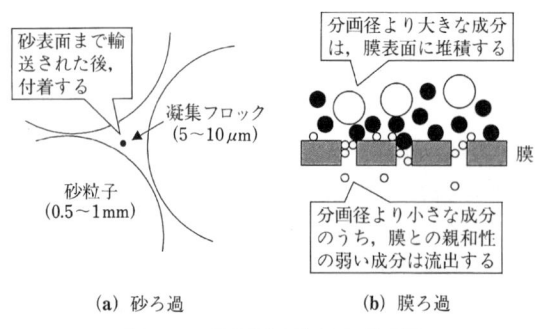

(a) 砂ろ過　　(b) 膜ろ過
図-4.10 砂層間隙と膜表面の模式図

成された生物ろ過膜において固形物が抑留されるが，急速ろ過であれば，ろ材周縁におけるフロッキュレーションが固液分離の基本となるため，凝集処理の良否がその処理性に大きく影響する．また，ろ層内に進入した濁質量は深さ方向に対して指数関数的に減少するが，処理水中にはある一定量の濁質が必ず残存し，急速ろ過池からの流出水中には，濁度が検出限界以下であっても粒径 $0.5\,\mu m$ 以上の微粒子が 10^4 個/mL 程度含有することが知られている．

4.3 膜処理技術の可能性

一方,膜処理では,除去対象となる成分の大きさと膜が持っている孔径の大小関係による「ふるい分け作用」が固液分離の基本となるため,分画径(分離可能な寸法)以上の大きさを持つ成分はほぼ確実に分離・除去することができる.このような分離機構の違いから,膜処理は砂ろ過に比べてきわめて精密な固液分離を行うことが可能で,NF 膜などを用いれば在来型水処理では除去が困難であった生物分解速度の遅い有機物(高分子 E_{260} 非発現性有機物)にも対応することができる.また,表-4.4 に示すように,水中にわずかしか存在しない寸法約 4〜6 μm のクリプトスポリジウムに対する削減効果を比較しても,急速ろ過では 2〜3 log 程度であるのに対し,MF 膜や UF 膜処理では 6〜7 log 程度と高い除去率の得られることが報告されている.このように,膜処理は処理対象となる物質の濃度や化学的性質による影響を在来型処理ほど強く受けないため,容易に質の高い処理水を得ることができる.

表-4.4 クリプトスポリジウム除去に関する実験結果

処理方式	log 除去率*	報告者
急速ろ過システム	1.9〜4.0	Nieminski ら[21]
直接ろ過	1.3〜3.8	
急速ろ過システム	1.9〜2.8	
直接ろ過	2.6〜2.9	
三層ろ過	2.7〜3.1	Ongerth ら[22]
MF または UF 膜分離	6.0〜7.0 以上	Jacangelo ら[23]

* 1 log=除去率 90%,2 log=除去率 99%,3 log=除去率 99.9%

(2) ハイブリッド化による水処理機能のレベルアップ

膜分離プロセスは,ふるい分け作用に優れており,特に生物処理と組み合わせることでその処理機能を飛躍的に向上させる効果を発揮する.現在,下・排水処理への適用を見込み,以下のようなハイブリッド水処理技術が考案されている.

a.膜分離活性汚泥法 —濃縮作用の活用— 通常の下・排水処理で適用されている活性汚泥法では,曝気槽内に浮遊する微生物群に対する基質(BOD や COD など)流入量の割合が処理性に影響するため,処理対象とする下・排水の特性に応じて一定の BOD-SS 負荷(槽内汚泥量に対する流入 BOD の割合)を設定する必要がある.したがって,曝気槽の容量を小さくするうえで可能な限り槽内の MLSS 濃度(mixed liquor suspended solid;活性汚泥の濃度)を高くとるこ

とが有効である．しかし，実際には，BOD-SS 負荷が汚泥の沈降性に大きな影響を及ぼすため，活性汚泥を沈殿により分離する標準活性汚泥法では，曝気槽内の MLSS 濃度をむやみに高くすることができない．これに対し，曝気槽内に直接分離膜を浸漬させ処理水を得る膜分離活性汚泥法(**図**-4.11)では，沈降不良による汚泥流出の影響を一切受けないので，槽内の MLSS を高く維持することができ，高濃度排水にも対応することが可能となる．また，汚泥の引抜きを自在に制御できるため，汚泥滞留時間(SRT；sludge retention time)を長くとり，汚泥の自己酸化を促進させて汚泥発生量を削減したり，増殖速度の遅い油脂やその他の難分解性成分を分解する微生物を槽内に保持することも可能となる．このように，装置の操作因子を容易に設定することができる膜分離活性汚泥法を用いると，処理対象とする成分に応じて高い生物分解機能を発揮し，幅広い水質に対応することができるようになる．

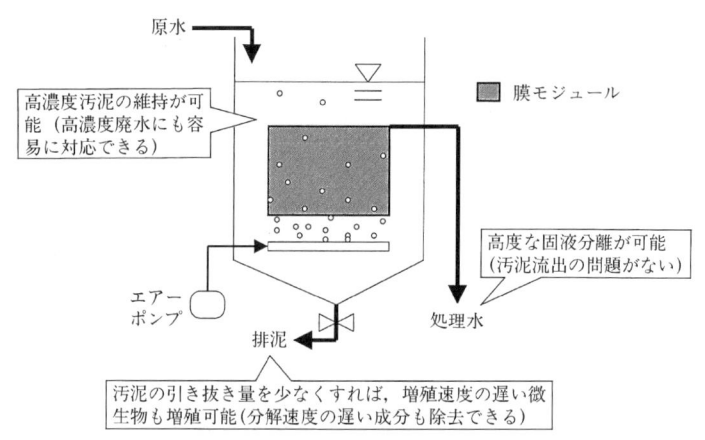

図-4.11 膜分離活性汚泥法の概要

b．回転平膜法 ―移流作用の活用― 　標準活性汚泥法のように，槽内に浮遊する微生物によって基質を分解する方式とは異なり，散水ろ床法や接触曝気法，回転円板法などのような担体表面に付着した微生物によって基質を分解する方式は，処理に関与する生物の多様性が高く，水質変動に対応しやすいことや発生汚泥量が少ないことなどが知られている．しかし，生物膜表面近傍では，液中と生物膜内に存在する基質の濃度差によって物質が移動するため，濃度勾配が小さくなる低濃度排水に対しては十分な処理を行い難いという欠点を持つ．そこで，**図**

図-4.12に示すような円板状の平膜表面に生物膜を付着させ、基質を分解させながら透過水を得る「回転平膜法」が考案されている。この方式では、生物膜外部に形成される拡散層において、濃度勾配に強制的な吸引力による水の流れ(移流)の効果が加わり、物質移動が促進されて生物膜に供給される基質量が増加する。また、通常の担体を用いた処理法とは異なり、生物膜内部を貫通した基質濃度の低い液体を処理水とするため、処理水質が飛躍的に向上する。

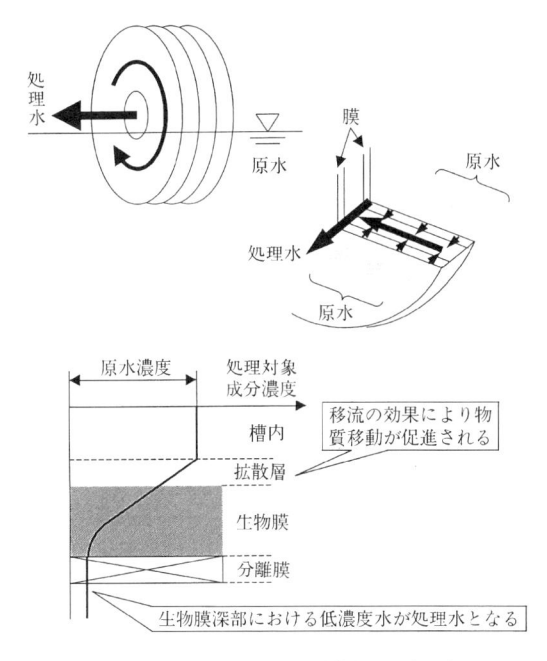

図-4.12 回転平膜を用いた生物処理の考え方

現在、同方式を浄水処理に適用し、比較的低濃度のアンモニア性窒素を除去することを目的とした研究も行われている[24]。

4.3.3 膜処理技術の課題

(1) 不可逆抵抗の抑制

膜分離を行うと、水中の様々な成分が膜面に堆積または付着し、ろ過抵抗が必ず上昇する。ろ過抵抗を引き起こす主な要因としては、①膜孔径より大きな成分が膜表面に堆積することにより形成されるケーキ層、②膜孔径と同程度の寸法を持つ成分が細孔に物理的に抑止されるファウリング、③膜孔径より小さな成分による膜孔内への付着、④膜透過流束が膜面近傍における物質の拡散速度を上回ることにより発現する濃度分極(飽和濃度を超えるとゲル層が形成される)、などがあげられる。これらの大部分は、定期的に行われる物理的な洗浄(逆圧洗浄や曝気)により解消されるが、数箇月〜数年単位での使用が見込まれる膜処理におい

ては，物理洗浄を行っても緩やかに増加し続ける，いわゆる「不可逆的な抵抗」の上昇を抑制することが重要な技術課題となる．

ろ過抵抗の発現には，処理対象水中に含まれる物質の寸法や膜材質との親和性などが関係する．それゆえ，表-4.5 に示すように，処理対象とする原水に応じて適切な膜材質と膜孔径を選定することが重要となる．また，凝集剤や酸化剤などを注入し，膜面に供給される成分の大きさや化学的性質を変化させることも膜ろ過抵抗の発現抑制には効果的とされている．現在のところ，膜ろ過抵抗の削減策として表-4.6 に示すような方策が採られている．

表-4.5 分離膜の適用例

処理分野	主な分離対象	膜の種類	膜の分画径	材質*の例
海水淡水化	塩分	RO	脱塩率90%以上	PA
浄水処理	有機物	NF	数百Da(脱塩率50〜60%)	PA
	微生物粘土類	MF, UF	0.01μm〜十数万Da	CE, PAN, CA
下水・し尿処理	活性汚泥	MF	0.1〜0.4μm	CE, PE, PS, PVDF

* PA：ポリアミド，CE：セラミック，PAN：ポリアクリロニトリル，CA：酢酸セルロース，PE：ポリエチレン，PS：ポリスルホン，PVDF：ポリフッ化ビニリデン

表-4.6 ろ過抵抗の削減策と主な効果

削減の機構	使用段階	削減策	主な効果
物理的	ろ過工程	クロスフローろ過方式	膜汚染物質の堆積阻止
		回転モジュールの採用	水流せん断力の増大
		曝気による膜の揺動	膜汚染物質の堆積阻止
		膜振動	濃度分極の解消
	洗浄工程	逆圧洗浄	膜付着成分の剥離と排出
		エアースクラビング	膜付着成分(表面)の剥離
		高速回転洗浄	
化学的	前処理	凝集剤の添加	微粒子の粗大化
	前処理または洗浄工程	塩素の注入	バイオファウリングの阻止
		オゾンの注入	膜付着成分の酸化・分解？有機成分の親水化？
	通水前	膜の親水化処理	疎水性成分の付着防止
	通水限界時	薬液洗浄	膜付着成分の剥離・溶解

(2) 発生する汚泥の処分

膜分離プロセスを用いると，既存の水処理より高い品質の処理水が得られる反面，高濃度の不純物が汚泥中に濃縮される．既存の水処理技術を適用していれば環境中に極低濃度で分散していたはずの病原微生物や微量有害物質が質の高い固液分離を行う結果，固形物中に閉じ込められることから，特に下・排水や産業排水を処理対象とする場合には汚泥の安全管理に注意が必要となる．また，その固形物の含水率や化学的組成も従来の汚泥とは異なるため，既存の汚泥処理・処分の方式では対応できなくなることも予想される．膜処理システムを適切に運用するには，発生する汚泥の処理・処分までを含めた周辺技術の確立が必要である．

(3) 水循環システムにおける位置づけ

莫大なエネルギーやコストを費やし，レベルの高い水処理を行えば，質の高い処理水を得ることは可能である．しかし，それだけでは良好な水環境を創造する十分な方策とはなり得ない．現在の都市をめぐる上下水道システムは「一過型」といわれ，飲料水レベルの良質水をすべての用途にまかない得る水量分確保することが求められ，また，都市域を流れる水量の少ない河川でも希釈可能なレベルまで放流水質を高めることが要求される．一方，今後目指すべき「循環型」システムでは，要求されるレベルの水を必要に応じた量だけ供給する「質と量の使い分け」が不可欠で，水処理はその目的に応じて運用されなければならない．したがって，単に，クリプトスポリジウムやウイルスを除去するためだけの目的で現行の急速ろ過をUF膜処理に置き換えたり，高度浄水処理(オゾン・活性炭処理)水をすべて高価なNF膜処理水でまかなうといった方策ではなく，全体の水循環システムの中に求められる質と量をまかない得る水処理技術を適切に調和させることが重要と考えられる．例えば，現状の上水道システムの末端にNF膜処理を配置するだけでも，低回収率(回収率：原水量に対する処理水量の割合)のもとに良質で安全な飲料水を得ることは可能であり，次世代の水循環システムを構築するまでの間の移行措置としては十分にその役割を果たすと思われる．しかし，現在行われている膜処理技術の開発は，既存の水処理技術を膜分離で置き換えることを想定して進められており，回収率の向上や操作圧力(膜分離を行うために加えられる圧力)の低減のみに鎬が削られているようである．

水循環システムの中での膜処理の位置づけを見据えた斬新な視点からの研究・

開発が今後活発に行われることに期待する．

4.4 河川，ため池水質改善の方法

多種多様な生物生命を支えている河川，湖沼，海洋などの水域は，人の日常生活や経済，生産などの社会活動の影響を直接，間接的に受けてきている．特に有害物質や有機物などの流入に伴う水質汚濁や富栄養化現象などの解決は，21世紀においても引き続き重要な課題である．

富栄養化した水域の浄化対策としては，発生源対策を第一とするが，既に富栄養化した所では水域内に存在する栄養塩類の除去が肝要である．特に水域内に蓄積された底泥からの栄養塩類の溶出は，流入負荷の5～10倍に達するという報告もみられる[25, 26]．富栄養化された湖沼の防止対策には，発生源対策とともに，底泥の除去あるいは封じ込めが重要になる．

4.4.1 底泥対策

湖沼の底泥からは通常，アンモニア性窒素およびリン酸塩の栄養塩類が溶出する．この溶出は，底泥中の栄養塩類の濃度，存在形態，温度，底層の酸素濃度などに影響する．一般に温度が高く，底層が嫌気性の度合いが大きいほど溶出速度が大きくなる．そのため，夏季から秋季にかけてアオコの発生が多く発生するこ

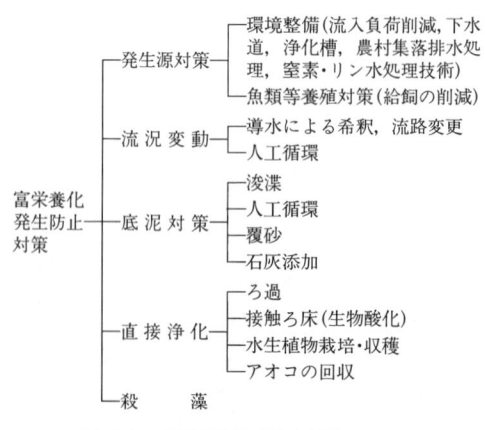

図-4.13 富栄養化発生防止対策システム

とがわかる．この対策としては，浚渫による底泥の除去，あるいは底泥からの溶出を防ぐ対策が講じられている．

(1) 浚　　渫

底泥そのものを浚渫して回収する方法である．手賀沼，霞ケ浦，諏訪湖などで事業化されている．工事費が莫大になること，また，浚渫時の底泥の巻上がりなどが欠点となる．また，浚渫した汚泥の処分地も重要な問題となる．

(2) 曝気などによる人工循環

人工的な液循環は，底泥を好気的にすることによりリンの溶出を防止する効果があること，停滞水域に流れをつくることで藻類の光合成を阻害できるなどの効果が期待できる．深水層を持つ湖沼では，装置として間欠式空気揚水筒があり，相模湖，湯ノ湖あるいは山口県丸山ダムなどに使用されて効果があるとの報告がある[27,28]．また，中小池などには，水中式水流発生装置を組み込んでいる所もある．

(3) 覆　　砂

底泥表面に砂やフライアシュで 50～300 mm 程度覆うと，栄養塩類，特にリンの溶出が抑制される．しかし，表面に新たに底泥が蓄積されれば，また溶出の恐れがあるため定期的に実施する必要がある．

(4) 石灰添加

底泥中に消石灰あるいは顆粒状消石灰を散布し，底泥表面上に石灰膜を生成することによりリン溶出の防止や硫化水素の発生の防止する方法である[29]．特にリン溶出防止については，覆砂よりも期待できる．

4.2.2 湖水の直接浄化対策

発生源あるいは底泥対策は，目標水域へ栄養塩類の流入を防ぐことにより水質改善を図る防止策であるが，一方では，湖沼水中の栄養塩類を摂取して増殖した藻類あるいは水生植物を集めて除去するのも一つの方法である．

(1) ろ過法

　藻類の直接除去として，砂ろ過，限外ろ過，プレコートフィルター，長毛型ろ過機などが開発されている．SS性有機物の除去には有効であるが，規模の大きい湖沼などには適用できない．砂ろ過に関してみれば，逆洗回数が増える欠点がある．

(2) 生物ろ過法（接触ろ床法）

　発生したアオコなどを含むSS除去に有効であり，さらに有機物質の酸化分解が望める[30]．ごく最近では，ろ材上の微小動物による藻類の補食分解する方法も考案されている[31]．しかし，ろ材の選択，滞留時間の検討など定量的解析がいまだなされていない．

(3) ホテイアオイによる回収

　ホテイアオイを植栽して収穫することにより栄養塩類を除去する方法である．理想的条件では，窒素除去量 22～44 kg/ha・日，リン除去量 8～17 kg/ha・日の栄養塩が除去できるとの報告がある[32]．しかし，新鮮物重量 1 t 当り窒素 1.54 kg，リン 0.34 kg であり，手賀沼では8年間の植栽回収で排出負荷量であると，窒素が2日分，リンが3日分にすぎず，アオコの回収よりも効果は少ないという報告もある[25]．

(4) アオコの回収（バキューム船などによる回収）

　アオコの著しい発生時にバキューム船で回収する方法である．アオコは窒素，リンを多く含んでおり，回収することにより効果がみられる．手賀沼において発生したアオコを回収すると，手賀沼流域へ排出される窒素負荷量の5.6日分また，リン負荷量の3.1日分が回収されたという報告がある[25]．しかし，発生したアオコをどのように集積するか困難な点もある．

4.4.3 池の浄化システムの開発例[33]

　筆者らは，富栄養化した池をモデルとして取り上げ，浄化システムの開発に関する検討を行った．本浄化システムの特徴は図-4.14 に示すように，①生物膜法

図-4.14 池の浄化システム[30]

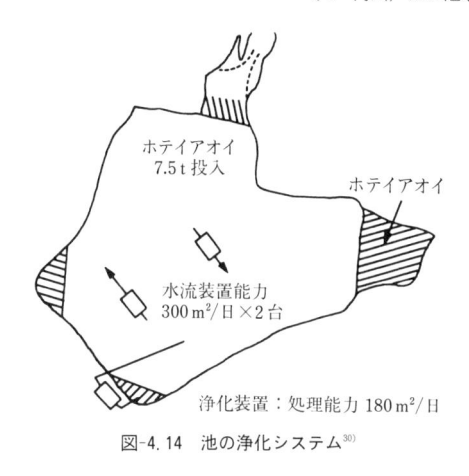

による水処理,②人工的水循環による浄化,③水草による窒素やリンなど富栄養塩類の摂取,の3つの方法を併用することである.①は接触ろ床2段よりなり,主として懸濁性の物質や植物プランクトンの除去を期待している.②は池の水を循環することにより植物プランクトンの増殖を抑制するとともに,底泥からのリンの溶出を防ぎ,さらに好気性微生物を活性化して有機性汚濁物質の酸化分解を促進させることを期待している.③としては,ホテイアオイを用いた.

(1) モデル池の水質

池の水質の季節変化を調べたのが図-4.15である.透視度についてみると,8月下旬において35 cmであったものが下旬に15 cmとなり,水質が悪化している.10月までには30 cmと回復しているが,11月を過ぎると透視度が20 cmまで悪化し,1月に入ってから少しずつ回復している.8月の悪化は,植物プランクトンの増殖によるものと考えられる.11〜12月の水質悪化は,モデル池上部の改修工事のためと考えられる.次年度の4〜6月は透視度が良くなり,明確ではないが,池の浄化の試みではと考えられる.SS, BOD, COD, T-Pについては,透視度と同様の挙動を示している.溶解性リンは,年間を通じての変化はあまりみられないが,夏季には懸濁性リンが増し,植物プラクトンに移行していることがわかる.窒素は,夏季はいずれの形態も少なく,硝化・脱窒によって N_2 として大気中に放出しているものと思われる.いずれにしても顕著な浄化効果はみられないものの,各種の浄化手法により若干の水質改善効果がみられ,今後継続的調査を必要とする.

(2) 生物膜法による処理

生物膜法による処理は接触ろ床方式とし,2段処理からなり,処理能力180 m³/日,容積4.5 m³×2槽としたその処理結果の一例を表-4.7に示す.

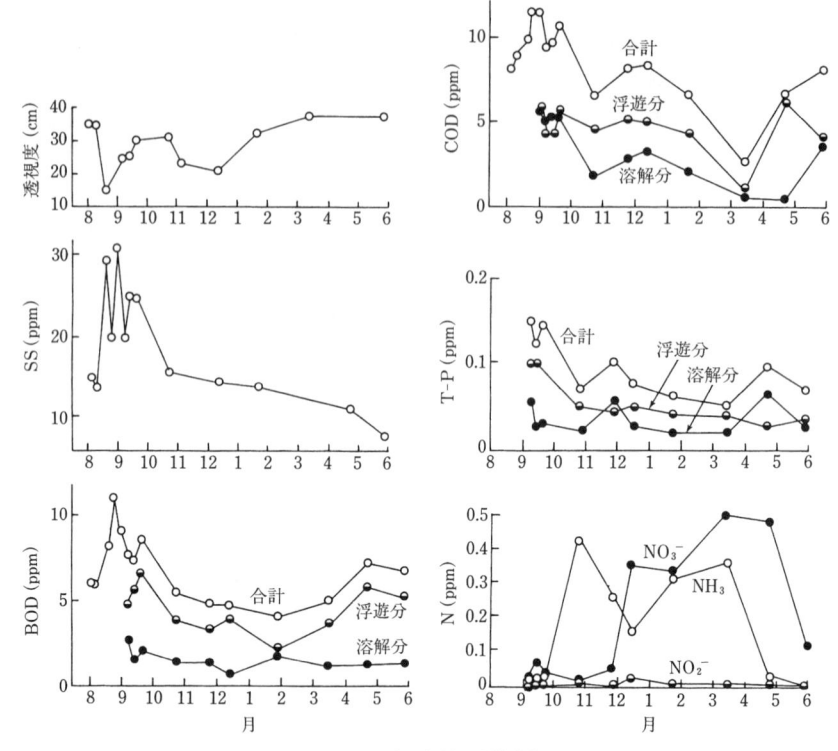

図-4.15 池の水質の季節変化

　透視度は原水において23cmであったものが，処理水では100cmを超えるまで浄化されている．SSは20.6ppmであったものが，2.4ppmになっており，除去率は88.4%である．BODについては，除去率は56.8%である．BODを溶解性と懸濁性について区別すると，興味ある傾向を示している．懸濁性のBODの除去率が96.4%であるのに対して，溶解性のBOD原水よりも処理水の方が5.7%増加している．CODについてもBODと同様な傾向を示している．T-Pについては61.9%の除去率である．BODと同様に，懸濁性T-Pは92.0%の除去率である．しかし，溶解性のT-PやPO_4^{-3}-Pは増加している．窒素についても，NH_3-N，NO_3^--Nとも増加している．

表-4.7 池の原水および処理水のデータ例

項　目	原　水	処理水	除去率(%)
水温(℃)	27.6	27.1	—
pH	8.46	7.48	—
透視度　　(cm)	23	100以上	—
SS　　　(ppm)	20.6	2.4	88.4
BOD　　(ppm)	7.96	3.32	56.8
溶解性BOD　(〃)	2.98	3.15	−5.7
懸濁性BOD　(〃)	4.71	0.17	96.4
COD　　(ppm)	8.99	5.87	34.7
溶解性COD　(〃)	4.70	4.29	8.7
懸濁性COD　(〃)	4.29	1.58	63.2
T-P　　　(ppm)	0.155	0.059	61.9
溶解性T-P　(〃)	0.037	0.044	−18.9
懸濁性T-P　(〃)	0.188	0.015	92.0
PO_4^{-3}-P　(〃)	0.009	0.018	−100.0
NH_3-N　(ppm)	0.014	0.109	−678.6
NO_2-N　(〃)	検出せず	検出せず	—
NO_3-N　(〃)	0.020	0.125	−525.0
DO　　　(ppm)	9.4	6.2	

(3) 水の循環および水草による浄化

人工水流装置は，曝気水中ポンプを水中に浮かせたものである．図-4.16にその概要を示す．循環水量 300 m³/日，空気吸入量 168 m³/日である．本装置を2台設置した．水草はホテイアオイを10月初旬までに約7.5 t 投入した．12月中旬に約1.5 t 回収した．その他は鴨の食餌にされ，残りは枯欠した．

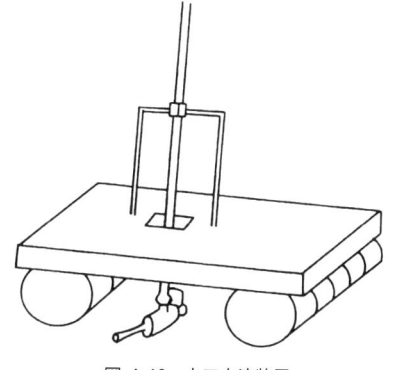

図-4.16　人工水流装置

(4) 浄化システムの実験経過および維持管理費

実験開始後，1年余りが経過したが，他の浄化についての定量的な把握はできていないが，実験開始後良くなった点として，以前と比較してアオコの発生量が

少なくなったことと,悪臭の発生が一度もなかったことがあげられる.特に人工水流装置を設置後,悪臭が発生せず,この効果が大きいことがうかがわれる.

維持管理費は水処理装置および人工水流装置のポンプの電気代で,平均55 000円/月である.ただし,仮設工事のため42円/kWh かかるため高価となっている.常設の場合の14円/kWh とすると水処理装置のポンプ4 000 円/月×2 台で,合計は12 000 円/月となる.

以上述べたように水域の富栄養化防止対策として,発生源対策,底泥の溶出抑止策および対称療法的な直接除去策などが考えられる.今後の方向性としては,発生源対策を第一として,その他の対策はどの方法が最も効果的であるか,かつ経済的であるかを判断する必要がある.そのためには各技術ともいまだ定量的評価がなされていないため,各論で終わるきらいもある.今後,水域の規模,条件などを考慮し,清澄な水域がよみがえるよう関係者一同鋭意事にあたる必要がある.

4.5 アメニティポンドの創造と整備

今,都市域という限られた条件下でどのようにして水辺や水空間を創出していくか,具体性のある方向づけが求められている.

そこで,都市域に点在し,これまで環境面への配慮に欠け,裏空間化している「調整池」や「ため池」に着目し,水辺としての機能や付加価値をつけ多目的に利用することが,水辺や水空間を創出するうえでひとつの方向と考える.その際,積極的に地域との連携を図ることが重要である.なぜならば,都市域における水環境問題の解決策の核心がそこにあるからである.

21 世紀には,調整池などの雨水貯留施設やため池を「水アメニティ施設」として,ひとつの大きな括りとする観点が必要である.その観点から,これらのアメニティの創出に寄与するすべてのものを「アメニティポンド」と呼ぶことを提案する.

4.5.1 アメニティポンドの定義

防災調節池,流域調節池,下水道雨水調整池などの雨水を貯留するための「調整(節)池」,農業用「ため池」,ならびに地域との連携を意図して整備された「コミュニティポンド」,生態学的機能を有した「エコロジカルポンド」などの雨水貯留施設,あるいは「ビオトープ」や「修景池」などの中で,都市のアメニティの創出に寄与する雨水貯留施設すべてをアメニティポンド(amenity pond)と呼ぶことを提案する〔ここでは,「調整池」とは防災調整(節)池,下水道雨水調整池などを総括した広義の調整池を指す〕.

アメニティポンドの適用範囲を図で示すと,**図-4.17**のとおりである.

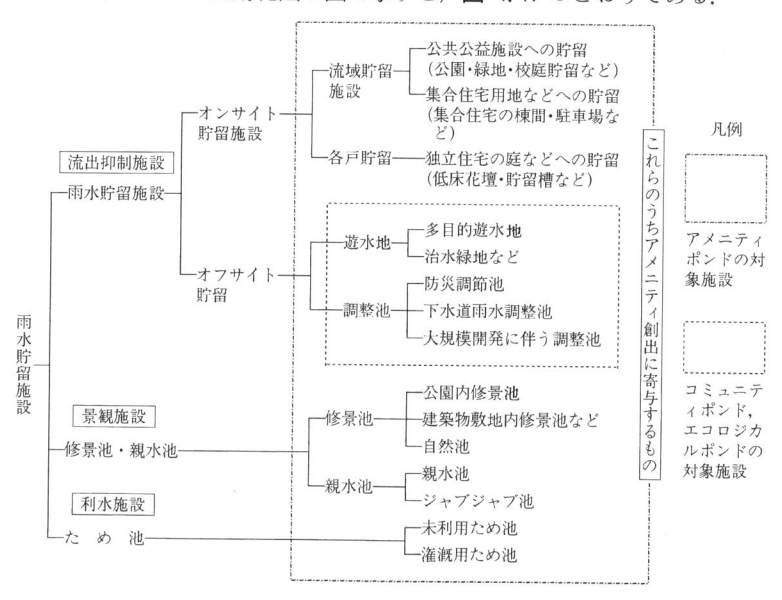

図-4.17 アメニティポンドの適用範囲

4.5.2 水辺の減少

(1) 都市の水辺の減少

日本の多くの都市は,河川により形成された沖積平野を立地としており,水辺の存在形態は**図-4.18**のように描くことができる.

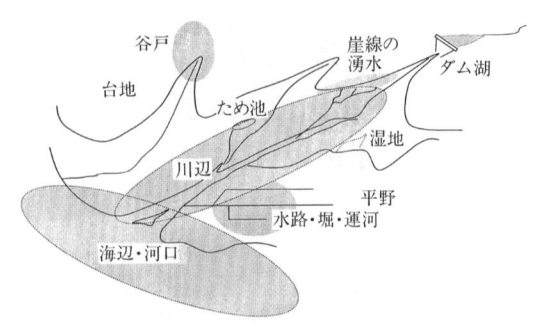

図-4.18 都市における水辺の存在形態

陸上交通機関の発達によって運河などの水路は，経済的な点でその価値を減少させ埋め立てられてきた．また，都市周辺では，農地の宅地化とともに周辺のため池もその数を減らしてきた．

埋立てを逃れた水路も，都市化とともに水質が悪化し，単なる排水路と化し，蓋で覆われ，地表から姿を消した．

松浦，島谷の報告[34]によると，近年，調査した全国20都市のうち19都市で水辺が減少しており，市街地面積に占める水辺面積の割合は，明治初期に平均10.9％であったものが，現在では7.6％と減少している．水辺面積割合の大きな福岡市でも18.3％から9.0％と半減し，東京，大阪なども約4割も減少している（図-4.19）．

また，都市では，自然性を失った河川は人をひきつける魅力を消失し，都市の「裏空間」となり，近づく道さえもなくなってしまったものもある．そのような空間は，人の目の行き届かない場所となり，安全性の観点からフェンスで囲まれた近づけない水辺となっている．

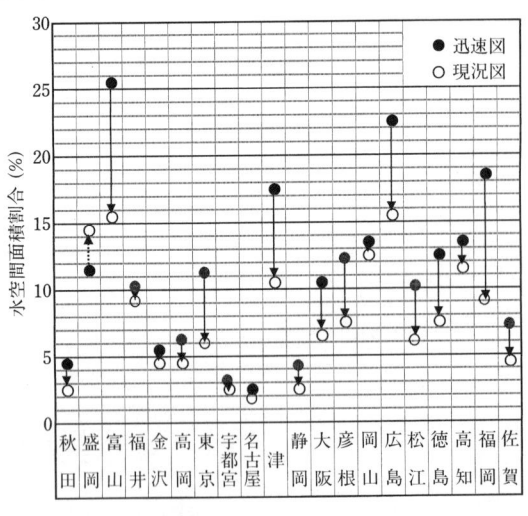

図-4.19 水空間面積の割合の変遷〔文献34〕をもとに作成

(2) アメニティ資源としての水辺

水辺は，元来，生命維持のための飲み水や食料採取のための「生命資源としての水辺」という役割に，生産活動のための農業用水・工業用水，水運利用といった「生産・経済活動資源としての水辺」の役割が加わってきた．さらには，これら以外の役割，つまり水辺の存在自体が価値である景観形成，生物生息の場としての役割と，非生産的利用である親水利用・レクリエーション利用・防災利用としての役割である．この役割は「アメニティ資源としての水辺」と呼ぶことができる．都市の水辺を考えるうえでは，この「アメニティ資源としての水辺」の視点が重要となる．

4.5.3 調整池とため池の新しい価値と利用の創造

(1) 調整池

a．雨水対策の方向 都市における今後の雨水対策には，浸水安全度の向上がますます要求されると予想されるが，在来の雨水排水施設の能力増強や改築では限界がある．また，一方で，水は自然の大循環を構成しており，都市域での水の循環に歪みが生じてきているといった認識が広がりつつあり，雨水対策の基本方針は，これまでのフローの観点からストックへと転換しようとしている．

これらの点から，今後の雨水対策は，一般的に雨水流出抑制策が最も望ましい方策として位置づけられるであろう．そして，調整池の整備は，雨水浸透施設とともに今後ますます推進されると予想される．

したがって，調整池を「アメニティ資源である水辺」としてとらえ，整備を行うことにより都市に水辺を復活させることが可能となる．

b．これからの調整池利用のあり方 都市域に整備された調整池は，これまでは雨水の流出抑制を図るためだけの，いわゆる治水にのみ機能しており，環境面への配慮に欠け，人の目が届かない「裏空間」と化した所も多い．

しかし，近年，住民の都市景観に対する意識の高まりや貴重な都市空間の有効利用という観点から，調整池も積極的に地域との連携を図ることが重視されてきている．

それらのことを背景に，調整池に対して単に流出抑制の機能だけを求めるのではなく，多目的に利用する動きが活発化しつつある．地域との連携を図っていく

ことを意図したコミュニティポンドや生態学的機能を有したエコロジカルポンドなどの雨水貯留施設の提案は，その顕著な例である．他方，ニュータウンなどの宅地開発地のようにもともと水辺の存在しない場所に新たに水辺をつくり出すことは，多大な労力を必要とする．このような場所においては，調整池が唯一の水面となる場合もある．

これらの点から，調整池を都市における「アメニティ資源としての新しい水辺」ととらえることが今後の水環境を考えるうえで不可欠な視点である．アメニティポンドのひとつとしてその機能を十分に活用し，公園や緑地などのオープンスペースとの連携を図ることが必要である．

今後は，調整池を整備するうえで，本来の施設が有すべき機能や容量を確保するだけではなく，それぞれの地域や流域の特性に応じたアメニティの創出について配慮することが望まれる．

(2) ため池

a．ため池の現況と見通し　ため池は，近代的な農業用水路の整備に伴いその数を減らしていった．また，都市域では，農地の宅地化に伴い埋め立てられ，急激に減少した．名古屋市内を例にあげると，1965年(昭和40年)に360箇所あったものが1991年(平成3年)には133箇所と約25年で約3分の1に激減している．しかし，現在でも，全国には約21万4000箇所のため池があり，そのうちの35%(7万5000箇所)が近畿地方に，34%(7万2000箇所)が中国・四国地方にあり，瀬戸内海沿岸の降雨の少ない地域に集中している[35]．それらの地域では，吉野川などの大河川流域を除けば，農業用水のため池依存率は非常に高い(図-4.20)．

ため池の築造年代については約半分が不明である．ため池の技術は，稲作の発達とともに大規模化し，古

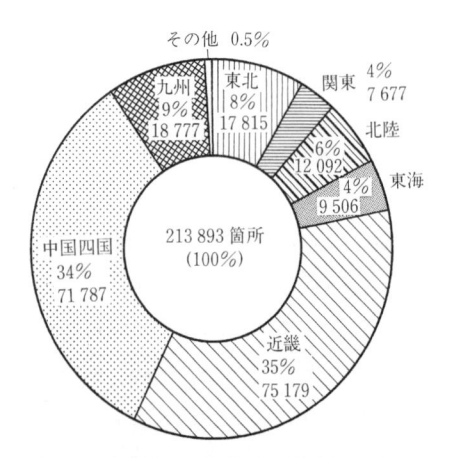

図-4.20　全国のため池の賦存状況(中国四国農政局ホームページより)

くは奈良地方に6～7世紀のものがあり，弘法大師の修築で知られる日本最大の満濃池（香川県満濃町）は8世紀初めに築造されている．主に，江戸時代に数多く築造され，明治時代までに築造されたものが全体の5割以上はあると推計される．

そのため，老朽化により十分に機能していないものも多い．そして，大雨時に破堤などによる災害も生じている．

したがって，その機能を復元し，災害を未然に防止する保全対策を必要とし，「ため池等整備事業」などにより整備が行われている．

しかし現在では，ため池の存在意義は過少評価され，農地の宅地化の進行や道路整備などに伴い埋め立てられるものもあり，このままでは，さらにその数は減少すると思われる．

b．これからのため池利用のあり方　ため池には本来の機能である灌漑用水の貯留機能の他に，付加価値として，雨水の流出抑制や自然環境・生物生息空間としての機能を有している．桜が池に映えて美しいなどといった景観的な魅力を持っているものも多い．元来，ため池は，水を求めて苦労した先人の遺産でもあり，地域の財産として保全すべきものである．また，おもしろい言い伝えがあるものや，その周囲に古代の灌漑などに関係する遺跡が発見されることもあり，文化遺産として残せば貴重な郷土史ともなり得る．

老朽化したため池の整備を行う際に，水環境整備事業などにより，水辺としての利活用のための周辺整備や自然環境保全対策のための整備を行うことが望まれる．また，都市域で放置されている未利用ため池を整備しアメニティポンドとしてよみがえらせることは，水辺を復活するうえで効果的である．

(3)　アメニティポンドとしての調整池とため池利用における基本的な観点

調整池やため池を水辺として利用を図るための検討を行ううえでは，地域・流域全体の観点から広域的かつ総合的に行うことが大切なことである．

そして，利用施設の整備にあたっては，水循環に配慮して，地域・流域の水環境の改善，生物の生息環境の改善を図ることが望まれる．

(4)　アメニティポンドとしての調整池とため池に望まれる機能

a．調整池の3つのタイプ　調整池がアメニティポンドとしての機能を発揮するうえで，その方式が影響する．

調整池の方式は，3つの方式がある．第一は，常時，水がなく，洪水時のみ水を導入する方式(乾床式)，第二は，常時，池となっている水域を調整池として使うもの(湛水式)[36]，第三は，第一と第二の中間的な方式で，常時湛水深の浅い湿地状態となっているもの(湿地式)，である．

都市に水辺を確保するという観点からは，湛水式調整池が最も機能的な方式であり，次に湿地式が良い方式である．

b．**アメニティポンドとしての調整池とため池に望まれる機能**　調整池やため池をアメニティポンドとして利用するのに望ましい機能として，以下に示す事項をあげることができる(**表-4.8参照**)．

表-4.8　アメニティポンドとしての調整池に求められる機能と主要施設・活動の例[37]

主要施設 \ 機能区分 / 導入活動など	① 水環境保全・水辺の創出 (水量・水質の保全)	② 景観形成 (整備空間)	③ 生物生息空間形成 (自然探勝・環境)	③ (生態系保持・情操・教育)	④ 都市防災 (消火用水・非常時雑用水の供給)	④ (避難場所)	⑤ レクリエーション (自然レクリエーション)	⑤ (施設利用型空間)
自然観察広場 — 野鳥，野草，昆虫などの観察，自然探勝など	●	●	●	●		●	●	○
自然緑地 — 自然の緑地(積極的な利用目的を持たない活動)，散策など	●	●	●	●		●	○	●
自然保護地 — 自然生態系の保護，ビオトープの形成	●	●	●	●				
親水広場 — 水遊び，魚釣り，せせらぎ，ローボードなど	●	○	●	●		●	●	●
ちびっこ広場 — 遊戯，砂，どろんこ遊びなど	○					●	●	●
コミュニティ広場・自由広場 — 休憩，ねころび，日光浴，各種催し物，集会など	○				●	●		●
修景緑地・遊歩道・サイクリング道	各機能空間に共通なもの							

●：特に効果的　　○：効果的

① 水環境の保全・水辺の創出：水量・水質の保全により都市における水環境の保全・水辺の創出を期待することができる．
② 景観形成：景観性・美観性は，アメニティを創出する重要な要素の一つである．調整池やその関連施設を整備する際，良好な景観を創出し，周辺環境との調和を図ることが望ましい．
③ 生物生息空間の形成：都市化の進展による水辺の減少とともに多様な動植物の生息空間も減少している．自然との共生を図り，生態学的機能を有した調整池（エコロジカルポンド）として整備することにより都市域に点在する貴重な生物生息空間の創出に寄与することができる．
④ 都市防災：調整池は雨水貯留施設であり，洪水流出量を抑制して流域の治水安全度の向上に寄与する．また他にも，元来，水辺は防災的機能を持っている．調整池やため池に期待できる機能としては，貯留雨水の災害時の有効利用，避難場所などとしての空間利用などがある．
⑤ レクリエーション機能：良好な景観を形成する豊かな水辺空間は，住民の憩いの場として利用することができる．さらに，自然観察広場や親水広場などの施設を整備することによりこの機能を積極的に高めることが可能である．

これらの機能について同時にすべてを満たすことが必ずしも重要とは限らない．地域・流域の特性やニーズに応じた施設の整備と利用者の活動によりいくつかの機能を発揮できればよいと思われる．また，河川空間あるいは都市公園と一体として保全すべき空間を確保することが可能な場合，それにふさわしい機能の発揮を期待することが求められる．

(5) アメニティポンドの実例

都市域の調整池やため池の中からアメニティポンドと呼ぶにふさわしいと思われる実例をいくつかあげる．

a．調整池(1)－佐賀県立森林公園自然池（写真-4.3） 佐賀県立森林公園内の自然池は，貯留量3万5000 m^3 で，雨水調整量 8000 m^3 の他に，水環境の保全・水辺の創出，景観形成，野鳥や植物の生物生息空間，レクリエーション機能をあわせ持っている．雨水の直接流入以外の流入がほとんどなく水質悪化が予想されるため，浄化設備（**写真-4.4**）と植生浄化（**写真-4.5**）による水質保全が行われている．

写真-4.3 佐賀県立森林公園自然池

写真-4.4 佐賀県立森林公園自然池．浄化設備
（上向流式ろ過方式，浄化能力 2 000 m³/日）

写真-4.5 佐賀県立森林公園自然池．植生浄化
（シュロガヤツリ 880 m²，ヨシ 390 m²）

b．調整池(2)－福岡市ウエストヒルズ内「親水調整池」(写真-4.6)

　福岡市の民間宅地開発地ウエストヒルズにある調整池は，「親水調整池」として水辺の創出と景観形成の面で工夫されている．雨水調整容量 2 万 200 m³．

c．調整池(3)－福岡市鳥飼池「治水池」(写真-4.7)　　福岡市鳥飼池は，もともと灌漑用途のなくなったため池が調整池として利用されているものであるが，老朽化したフェンスに囲まれ，住民と疎遠な施設となっていた．現在は，福岡市によって隣接する都市公園と一体的に環境整備が行われ，住民が憩える空

写真-4.6 福岡市ウエストヒルズ．親水調整池

間が創出されている．雨水調整容量 9 500 m³．

(a) 整備前〔平成9年（1997年）〕

(b) 整備後2年経過〔平成12年（2000年）〕

写真-4.7 福岡市鳥飼池

d．調整池(4)－福岡市大牟田池「治水池」（写真-4.8，4.9） 福岡市大牟田池も鳥飼池同様にため池の調整池化による利用である．ここでも，隣接する都市公園と一体的に環境整備が行われ，密集した住宅地にあって住民が憩える空間が創出され

写真-4.8 福岡市大牟田池（提供：福岡市）

写真-4.9 福岡市大牟田池(提供：福岡市)

ている．雨水調整容量1万3900 m³．

e．ため池(1)－福岡市西の堤池(写真-4.10) 福岡市にあるため池，西の堤池は，公園化されて市民に開放されており，魚釣りなどの親水機能やコミュニティ広場として利用されている．

d．ため池(2)－福岡西区斜ヶ浦池(写真-4.11) 福岡市にあるため池，斜ヶ浦池は灌漑面積が減少し，親水ため池として市民に開放されている．

写真-4.10 福岡市西の堤池

また，周囲から古代の瓦と窯の跡の一部が発見され，文化遺産としても保全されている．

写真-4.11 福岡市親水ため池．斜ヶ浦池

4.5.4 アメニテイポンドの整備を推進するうえでの課題

(1) 用地の確保

調整池を水辺として親水利用するためには，湛水式調整池とし，人々が水際へ容易に近づけることが大切なことであり，また，生物生息空間の形成などの機能を有するとなると，広い用地を必要とする．

用地を確保する方法として，遊休地の利用，ならびに「用途変更先導型再開発地区計画制度」の積極的活用がある．この制度は，工場跡地など相当規模の低未利用地の土地利用転換による有効利用を図るため，開発計画が明確に定まらない場合であっても，地方公共団体の実質的な土地利用変更の明示により用途地域の変更に先行してより幅広い用途の建築物を許容し，段階的な土地利用転換を実現できるよう設けられた制度である．また，都市計画事業・都市公園事業や河川事業などと連携し一体化を図り，用地の確保に工夫が必要である．

(2) 調整池の水質浄化および保全

調整池は常時の流入水が非常に少ないため，富栄養化やファーストフラッシュによるノンポイントソースの流入により水質汚濁が進行する場合が多い．その対策としては，河川水，湧水，下水処理水などを利用して清澄な流入水を増加させ池水の回転率を上げる方法や，池水の直接浄化による水質保全を図る方法がある．池水の直接浄化の方法としては，ろ過方式などの浄化設備を用いる方法の他に，ヨシやシュロガヤツリなどの水生植物を用いて栄養塩類などを除去する植生浄化の方法が最近注目されている．景観形成や生物生息空間機能を考慮すると，植生浄化法の積極的な導入が望まれる．

(3) アメニティポンドの整備の義務化

都市に水辺が減少してきたことは前述のとおりである．元来，日本の都市の住居には中庭・裏庭などの庭があり，井戸や洗い場，庭池などの池を備えていた所が多かった．それらも考慮すると，都市化や開発により減少した水空間の量は，前述のデータよりはるかに多いと推測される．

また，戦後50年を経て，老朽化による個人住宅，公営住宅などの建替えや街の再開発事業が今後増加すると予想される．それらの機会にアメニテイポンドの

整備を義務化してはどうであろうか．個別につくることが困難であれば，地域や団地でまとまって共有の施設を整備してもよい．住宅敷地面積の 2〜3％程度の水面積を建替えや街の再開発時に『都市計画法』上で義務づけるような施策があってもよいと思われる．

この施策が都市全体に普及した場合は，アメニティの創出だけではなく，かなりの雨水の流出とノンポイントソースの公共用水域への流出を抑制する効果が発揮されるであろう．また，アメニティポンドの整備に際しては，税的優遇を行うなどの援助を行う工夫も必要である．

(4) 地域との連携と調和

21世紀のアメニティポンドの整備に対しては，積極的に地域との連携と調和を図ることが不可欠である．なぜならば，整備事業や施設と地域との疎遠な関係は環境への配慮不足と相互関係にあるが，住民の参加によって，アメニティポンドの整備を有機的・多面的なものとし，水文化や水にまつわる歴史の発掘も可能となる．そしてそれが，清らかで豊かな水環境創造への要求へとつながる．つまり，都市域における水環境問題の解決策の核心は，地域との連携と調和を図ることにあるからである．

地域との連携をするためには，アメニティポンドの望ましい整備のあり方について，住民の期待やニーズ，地域・流域の特性などから，構想・計画の段階で行政と住民が十分に話し合い合意形成を図ることが必要である．そして，整備後の管理・運営が適切に行われて初めて求める価値が発揮されるため，行政と住民のパートナーシップをもとに管理・運営計画を作成し実行することが大切である．

4.6 総合水管理型下水道への転換

下水道の役割は，都市域の，①生活環境の改善，②雨水の排除，③公共用水域の水質保全が基本であるが，下水道ストックの増大，下水道を経て生み出される資源・エネルギー的価値による下水処理水再利用システムの推進な

ど多様な役割を果たす「総合水管理型下水道への転換」が期待されている．また，下水道は，都市域の水循環システムの要に位置しており，水環境の保全に対する貢献度は大きく，公害型水質汚濁の緩和に一定の寄与を果した．しかしながら，琵琶湖などの閉鎖系水域の水質改善は，かつての山紫水明のレベルにはほど遠く，環境ホルモンなどの微量汚染物質の出現によって，高度処理の導入など新たな展開が希求されている．

　こうした視点に立って，本節では，21世紀の都市域の水環境再生を目指した総合水管理型下水道の実現を支える高度処理技術，再利用システムなどの諸技術を提案する．

4.6.1　水循環型社会創設を支える下水道

(1)　多様化する下水道の役割

　下水道整備の基本的な役割は，①生活環境の改善(汚水の排除)，②雨水の排除，③公共用水域の水質保全[38]である．これらは，人間の社会生産活動および生活活動により生み出される様々な汚濁負荷の軽減や，都市内を流下する雨水を適切に制御し，公共用水域に排除することによって都市およびその周辺に対する環境を良好に保とうとする行為で，社会基盤形成の一環をなすものである．こうした行為は，何も現代に入ってからなされたものではなく，稲作の開始により集落が形成された弥生時代にまでさかのぼることができ，人間の都市への集中度の増加によって，集落溝から今日の近代下水道へと，質的な変遷をとげている．したがって，下水道システムの形態や質は，常に時代とともに進化せざるを得ず，現時点で完結されたシステムが成立することはない．下水道先進国といわれるイギリスやアメリカにおいても，面源(ノンポイントソース)汚濁対策など，多くの課題を抱えているのが現状である．

　日本の近代下水道の整備は，1881年(明治14年)の横浜市「レンガ型大下水」，1884年(明治17年)の東京都「神田下水」に始まり，様々な紆余曲折を経て全国隅々まで普及しつつあり，1998年(平成10年)度末まで普及率58％に達している．

　これにより，1970年代のいわゆる公害型といわれた水質汚濁状況に対し，一定程度の歯止めをかけることに成功した．しかしながら，琵琶湖，瀬戸内海など

の閉鎖系の湖沼や海域における富栄養化現象の解消は不十分であり，通常の二次処理だけでなく，窒素・リンあるいは難分解性のCODを除去対象とする高度処理技術の導入や，合流式下水道における初期降雨時の越流水対策などの新たな技術導入が必要とされている．

一方，下水道は，自然界が営んでいる水循環系の水の流下および浄化機構を人為的に補完・促進させる機能を担うものと位置づけられる．しかしながら，コンクリート三面張りの雨水渠および河川バイパス型の下水道網の整備，および資源・エネルギー消費型の処理システムの構築など，健全な水環境や物質循環にとって必ずしも有効でないとの指摘もある．地域温暖化対策や望ましい水環境・水循環の創出という命題が課せられた今，**表-4.9**に示すように下水道に対し多様な課題が提示されている．

表-4.9 多様化する下水道の課題

	課題	分野	施策
I	環境	水環境 水循環 地球環境	高度処理の推進 合流式下水道の改善 流域の総合水管理 ヒートアイランド現象の緩和 地球温暖化ガスの削減
II	省エネルギーリサイクル社会	省資源・エネルギー 再利用システム 廃棄物のリサイクル	消費エネルギーの低減化 自然エネルギー活用処理技術 下水処理水の再利用 雨水利用 下水汚泥の有効利用 汚泥からの有価物の抽出など
III	安全・快適社会	水害に対する安全 地震などのリスク対策 都市空間の快適化	浸水対策 耐震化 有害物質・病原性微生物対策 上部利用計画 せせらぎの創設
IV	再構築	都市基盤施設の老朽化対策	下水道施設の再構築
V	情報	情報通信システムの構築	下水管内光ファイバー敷設

(2) 下水道ストックの増大

前項で述べたように，下水道の普及率は1998年度末現在58％に達しており，このままの伸びでいけば21世紀の早い時期に普及率は，他の集落排水事業などをあわせれば，ほぼ100％に達すると予想される．

また，東京都や大阪市などの政令都市においては既に98％を超え，30万人以上の都市では2/3の人々が下水道の恩恵に浴している．これらの結果，下水道施設は膨大なものになりつつあり，下水道整備開始都市は，2781都市のうち1700都市にのぼり，管渠延長は26万8400km，下水処理場数は1300に達している．このように，年々増加する下水道資産のストックを有効に生かし，新たな都市基盤を創造することも大きな意義を持っている．

21世紀は，高度情報化社会といわれ，インターネットなどを支えるソフトインフラストラクチャーの整備が重要な課題となっている．都市内の各家庭・事業場にまでネットワークされた下水道管渠は，光ファイバーなどの情報通信網の構築にとって貴重な空間となる．このため，1996年（平成8年）の『下水道法』改正により，第1種電気通信事業者などが，下水道管渠内に光ファイバーなどの通信線を敷設することが可能となった．また，都市内に建設される下水処理場およびポンプ場などの占有面積は意外に大きく，その土地や施設を有効に生かし，都市公園・スポーツ施設などを複合的に構築することが望まれる．特に，大都市の下水道施設は老朽化が進み，更新・改築の時期を迎えており，リフレッシュにあわせ，市民にとって快適空間の提供を積極的に推進すべきである．

(3) 水循環系における下水道の位置づけ

地球上の水の大部分は，雨水として陸地に供給され，その雨水は自然丘陵地や農地および都市域を様々な形態で流下し，河川・下水道などを経て海洋に達する．海洋に到達した水は，大気に蒸発し，再び雲となって陸地に再供給され，無限の水の循環が繰り返される．

このような水の循環は，広義な水循環[36]といわれ，地球規模で行われる自然的な営みである．これに対し，ビルや工場内での水の再利用や都市内での下水処理水や雨水の再利用は，狭義の水循環であり，必ず人為的な操作，エネルギーの投入がなされるものである．

下水道は，自然河川，地下水や個別循環系などを除けば，広義や狭義の水循環ラインを問わず，水循環の要に位置している．特に都市域では大半の水が下水道系を経由せざるを得なくなっている．また，都市空間を通過するうちに水の中に汚濁物質が混入し，環境への影響を軽減させるためには，下水道システムによって水の浄化過程を経ることが必要条件となる．こうした意味で，下水道は水循環

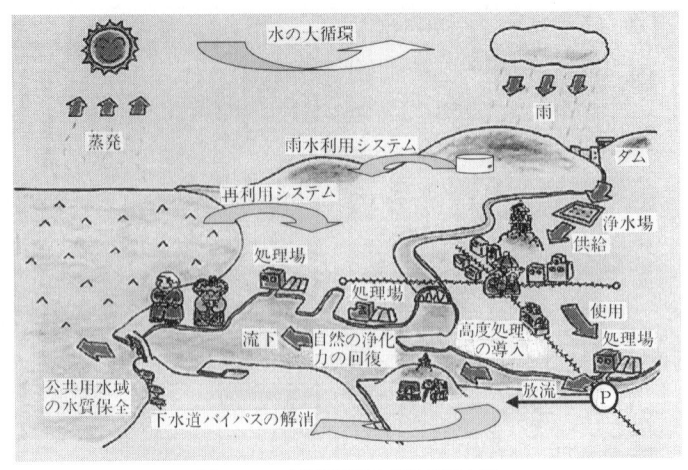

図-4.21 水循環機構における下水道

の要として位置づけられる．

(4) カスケード型下水道の構築

これまでの下水道は，次の点から一過型のシステムとして追求されてきた．

① 雨水は，できるだけ速やかに公共用水域に排除すべく，暗渠形の形態とポンプ排水を併用して，流下時間の短い雨水システムを採用してきた．

② 汚水は，流域の最下流まで，下水管渠によって搬送され，一定程度の処理を受け，公共用水域に放流されるのが一般である．このため，下水道バイパスが生じ，中・下流部の河川の平常流量が低下し，河川環境の悪化，生態系保持上の諸問題などを引き起こしている．

③ 下水処理場から発生する汚泥は，その大半が埋立て処分され，有効利用される割合はまだまだ低いレベルにある．

しかしながら，持続可能な社会の保持や地球温暖化防止より，アメニティ豊かな都市空間の創設および地震などのリスク対応型都市構造の構築など，21世紀への環境保全上の課題が明白となる中で，下水道システムも大きな変革が望まれている．すなわち，①雨水は，できるだけゆっくり，ためながら流すという観点に立ち，地下空間の水賦存量を保持したり，雨水の有効利用を図る，②汚水は，放流先の公共用水域の環境容量や生態系保全などを重視し，必要に応じ高度処理を経て，環境に排出させる，③このようにして生み出された処理水は，これまで

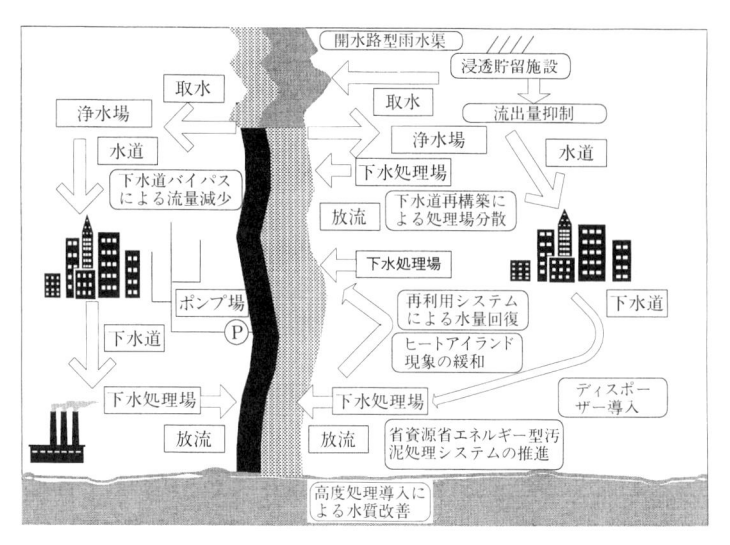

4.6 総合水管理型下水道への転換

	従来の下水道システム	カスケード型下水道システム
雨水排除	・暗渠型の雨水管布設 ・ポンプ排水	・流出抑制型雨水整備 ・浸透・貯留施設の積極的導入 ・雨水利用システムの促進
汚水収集 処理	・自然流下式下水道 ・最下流部での処理場立地	・高度処理導入による処理水質の向上 ・再利用システムの推進 　→水資源の保全および水辺空間の創設，廃熱利用，ヒートアイランド現象の緩和 ・下水処理場再構築に伴い処理場の分散 　→河川維持流量の回復，生態系の保全
汚泥処理 処分	・エネルギー資源消費型汚泥処理 ・一過的汚泥処分→処分地の枯渇	・ディスポーザーの導入によるエネルギー回収，居住空間の快適化 ・下水汚泥有効利用システムの開発 ・下水汚泥保有エネルギーの高度活用

図-4.22 カスケード型下水道

にない水質上の付加価値を有しており，それを常に放流するだけでなく，中・上流に還元し，河川の維持用水や都市域の雑排水として再利用する，④下水汚泥の持つ資源・エネルギー的価値に注目し，下水汚泥の緑農地利用，建設資材化および熱利用を積極的に図る，などのシステムを早急に確立しなければならない．

このような観点に立つと，雨水や汚水を繰り返し循環利用する「カスケード型下水道」の構築が今後のキーワードとなろう．

表-4.10 下水処理

分類	水質項目	生物への影響	安全性	不快感	審美性	発泡性	腐食性	閉塞性	貯留性	循環利用技術指針	工業用水
	外観			○	○					不快でない	
	濁度			○	△			△			
	色度			○	○						
	SS	○		△	△			△			
	DO	○					△		△		
化学因子	BOD	○				○			△	20 mg/L 以下	
	COD	○				○			△		
	pH						○	△	△	5.8〜8.6	
	T-N	○				○			△		
	T-P	○				○			△		
	Fe	○			△						
	Mn	○			△						
生物因子	大腸菌		○						△	1 mL 中に10個以下	
	残留塩素	○	○						○	保持されること	

水としての要件
○：強い関係あり
△：関係あり

また，生活空間の快適性，生ゴミ収集の簡素化，ゴミ処理の効率化および下水汚泥の資源・エネルギー価値の増大などを目指すディスポーザーの導入も，現実的な課題として追求すべきである．

4.6.2 水環境再生下水道の推進

(1) 下水処理水の再利用システム

狭義の水循環システムを促進するうえで，下水処理水の再利用システムの推進

水の目標水質[40, 41]

用途別目標水質（案）

雑用水	ビル用雑用水	修景用雑用水	親水用水	農業用水	環境用水
清掃用水, 消火栓用水など	水洗便所用水	修景用水 小川滝池	親水用水	農業用水基準	環境基準 水産用水基準
不快でない					
	5度以下	10度以下	5度以下		
		40度以下	10度以下		
				100 mg/L	5 mg/L 以下
				5 mg/L 以下	6 mg/L 以上
	10 mg/L 以下		3 mg/L 以下		3 mg/L 以下(河川)
				6 mg/L 以下	4 mg/L 以下(湖沼) 1 mg/L 以下(海域)
				6.0〜7.5	6.7〜7.5(河川湖沼) 7.8〜8.4(海域)
				1 mg/L 以下	1 mg/L 以下
					0.09 mg/L 以下
					0.1 mg/L 以下(淡水域) 2.0 mg/L (海　域)
					1.0 mg/L 以下(淡水域) 0.6 mg/L (海　域)
1 mL 中に検出されないこと	1 mL 中に10個以下	100 mL 中に1000個以下	100 mL 中に50個以下		
4 mg/L 以上	保持されること				検出されないこと

は大きな役割を果たすものである．

　先にも述べたように，下水処理場における下水処理のレベルは，公共用水域の水環境保全のため高度化あるいは超高度化へと進化することが予想され，処理水の水質ポテンシャルの向上が再利用用途の拡大と安全性の飛躍的向上につながる．また，下水道普及に伴い下水処理水量は，年々増加しており，都市域の安定した水源としての地位を確保しつつある．

　しかしながら，下水処理水の再利用の現状は，処理場内および処理場外利用あわせても全処理水量の数％にすぎず，まだ初歩的な段階といわざるを得ない．

このため，今後下水処理水の再利用システムを拡大するためには，以下に示す課題を解決する必要がある．

① 下水処理水再利用のコンセンサス拡大：効果の検証，市民への PR など．
② 技術的課題：低コスト型処理水移送システムの開発．
　　　　　　：省スペース，省コスト再生処理技術の確立（膜処理技術の導入など）．
　　　　　　：処理水の安全性向上技術の開発（紫外線殺菌処理など）．
　　　　　　：再生水のリスク評価．
③ 再利用システムの費用の便益手法の開発．
④ 下水処理水の平常時・非常時的活用システムの構築．

(2) 雨水利用システム

雨水利用システムは，国技館などで代表されるオンサイト型のシステムが徐徐に普及している程度で，きわめて初歩的な段階と評価される．

しかしながら，雨水排除方式は一過的流下方式から貯留・浸透方式に変化していくものと予想され，貯留された雨水を散水用水やせせらぎ用水の補給水，あるいは防火用水として再利用することが考えられる．

雨水利用システムの課題として以下の点があげられる．

① 降雨の発生は不定期になるため，安定した水量を確保するためには，大容量の貯留施設が必要となる．このための地下空間利用方法について検討しなければならない．
② 雨水が地表ないし雨水渠を流下する場合，SS 成分やノンポイント汚染物質の混入が避けられず，これらの効果的な分離技術を開発する必要がある．

4.6.3 低コスト高度処理技術の開発

(1) 既存水処理施設の高度化技術

4.6.1で述べたように，湖沼内湾など閉鎖系水域の富栄養化防止のため，窒素・リンや難分解性 COD などの除去を目的に，従来の標準活性汚泥法などの二次処理に変わって，高度処理技術の導入が進められつつある．

この高度処理プロセスとしては，窒素・リンなどの水質項目に応じて様々な処

理プロセスが技術開発されている．しかしながら，今のところ単一の処理プロセスで多岐にわたる水質項目を一括して処理可能な技術は確立されておらず，より多項目の水質をより高度な水準にまで処理するためには，複数の高度処理プロセスを組み合せてシステム化する必要がある．このため，高度処理の実施に伴い，これまでの二次処理方法と比較して，多大な建設コストや資源エネルギーを消費する傾向がみられる．

さらに，閉鎖系内湾に立地する大都市では，既に下水処理場が立地され，高度に市街化された中では，新たな高度処理用地を確保することが困難となっている．

このため，既存の水処理施設を改造することによってできるだけ新たな増設用地を必要としない高度処理技術の開発が望まれる．このような目的で，図-4.23に示すような方式などの開発が進められている．

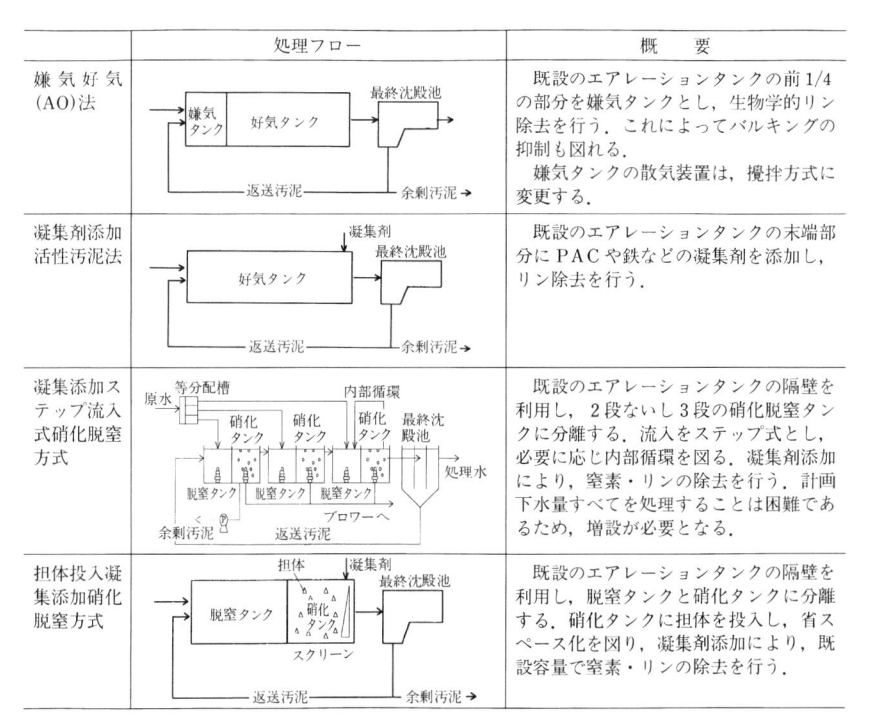

	処理フロー	概　　要
嫌気好気 (AO)法		既設のエアレーションタンクの前1/4の部分を嫌気タンクとし，生物学的リン除去を行う．これによってバルキングの抑制も図れる． 嫌気タンクの散気装置は，撹拌方式に変更する．
凝集剤添加 活性汚泥法		既設のエアレーションタンクの末端部分にPACや鉄などの凝集剤を添加し，リン除去を行う．
凝集添加ス テップ流入 式硝化脱窒 方式		既設のエアレーションタンクの隔壁を利用し，2段ないし3段の硝化脱窒タンクに分離する．流入をステップ式とし，必要に応じ内部循環を図る．凝集剤添加により，窒素・リンの除去を行う．計画下水量すべてを処理することは困難であるため，増設が必要となる．
担体投入凝 集添加硝化 脱窒方式		既設のエアレーションタンクの隔壁を利用し，脱窒タンクと硝化タンクに分離する．硝化タンクに担体を投入し，省スペース化を図り，凝集剤添加により，既設容量で窒素・リンの除去を行う．

図-4.23　既存水処理施設の高度化技術

(2) 自然浄化力を活用した高度処理

「三尺流れて水清し」といわれるように，昔から河川の持つ浄化能力は知られている．河川などへ流入する有機物などの汚濁物質に対して適切な流下距離や容量が確保されていれば，水域に生息する微生物による分解，河床への沈殿・溶出・吸着作用などによって自浄作用が働き，清澄な水質を得ることができる．このような自然の浄化力を利用すれば，そのような場を与えることによって，人為的な高度処理と同等，あるいはそれ以上の水質を期待できる．

こうした自然の浄化力を活用あるいは復元する試みは，琵琶湖などの湖沼の水質保全や多自然型河川の整備という形で様々な取組みがなされており，下水処理においても次のようなものが導入されつつある．

① 礫間接触水路：箱根町千石原処理場，下関市山陽処理場，大阪府渚処理場他．
② 酸化池：岡山県児島湖浄化センター，倉敷市玉島処理場他．
③ 植生浄化方式：滋賀県守山市都市下水路他．
④ 土壌処理：沖縄県石垣市川平処理場他．

写真-4.9　箱根町千石原の礫間接触水路

(3) ハイブリッド技術活用高度処理技術

高度処理技術の開発で最も注目されているものの一つとして，ハイブリッド技術を活用した高度処理技術の開発がある．これは，先に示した担体投入型循環法など新しい素材などを利用することによって，処理の効率を飛躍的に増大させ，省スペース，省資源，エネルギー型の水処理技術を確保することにある．このようなハイブリッド技術の活用にあたっては，以下の点に留意しなければならない．

① ハイブリッド技術の性能の信頼性や実用化にあたっての問題点はないか，十分評価する必要がある．
② ハイブリッド技術だけを単一で評価するだけではなく，下水処理システム全体としての総合評価が望まれる．
③ 新素材の利用を長期的に実施した場合の生態系へのリスクアセスメント．

4.6.4 微量有害物質・病原性微生物対策

ノニルフェノールなどの外因性内分泌撹乱化学物質（環境ホルモン）問題は，1996年（平成8年）の「奪われし未来」の出版以来，人類の未来を左右する問題としてセンセーショナル的な騒ぎとして顕著化している．また，同じく1996年に，日本で初めて水道水を介したクリプトスポリジウムによる集団感染症が発生し，その後まもなくO157の汚染も世間を広く騒がせた問題であった．

現代の社会では，数万にものぼる多様な化学物質が製造され，様々な分野で使用されている．さらに，人や物の流通のスピード化，頻繁化，複雑化によって思わぬ病原性微生物の伝播の可能性が増大している．このように，目に見えないところでのリスクの拡大が進行している時代といえる．

一方，下水道は，廃棄物処理処分事業と同様に都市の静脈であり，適切な発生源規制を講じない場合，大半の有害微量物質や病原性微生物の混入を防止できないものとなっている．したがって，下水道は，これらの問題に対する最前線としての使命を担わざるを得なくなっている．このため，下水道においては，以下に示すような項目について今後本格的な研究と技術開発および理論武装をしなければならない．

建設省の調査[42]によれば，下水道におけるおおむねの濃度レベルや下水処理場における低減効果が確認された．また，水処理工程においては，物質により差はあるが，最初沈殿池工程および生物反応槽から最終沈殿池の工程の両方で低減していることが確認され，砂ろ過，オゾン，活性炭，RO膜などによる高度処理を付加することにより，さらに低減していることが認められた．汚泥処理工程においては，焼却によりほとんどの試料が検出下限値未満まで低減していることが明らかとなった．

［研究課題］

① 下水道システムにおける微量物質と病原性物の挙動の定量化.
② 測定手法の開発.
③ 排出源の特定.
④ 生物の影響評価(他専門研究者との連携も含めて).
［技術開発課題］
⑤ 処理法の開発(生物処理，オゾン・紫外線処理などの可能性など).
⑥ モニタリング手法の開発(バイオアッセイなど).
⑦ リスク管理手法の開発.
［理論的課題］
⑧ 下水道システムの役割の限界性.
⑨ 製造者への使用規制.
⑩ その他.

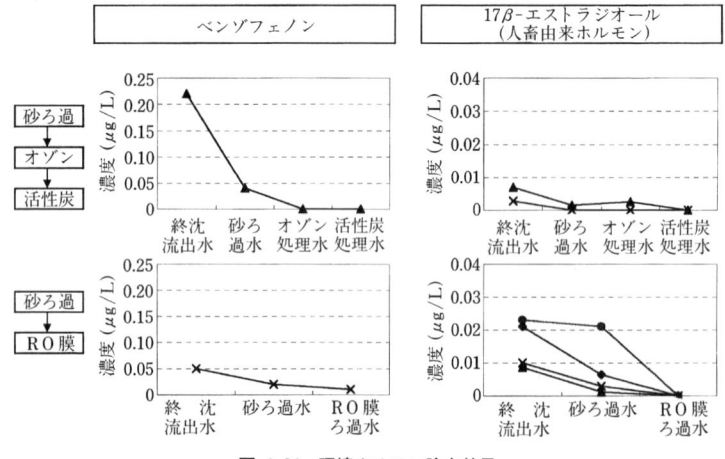

図-4.24 環境ホルモン除去効果

4.6.5 下水道におけるノンポイント対策

琵琶湖などの湖沼の COD が，下水道などの整備によってかなりの成果が現われ，低下したものの，2～3 mg/L のレベルで近年横ばいであるという現象が続いている．

この原因として，森林，農地および都市域からの非点源負荷(ノンポイント汚

濁源)があげられている．この非点源対策は，発生源が面的でかつ個々の負荷源をとらえるのが困難であるため，有効な成果をあげるのが難しい．さらに，長期間にわたる汚濁物が湖沼にヘドロとして堆積していることにより，湖沼の自浄能力の回復に今後なお長い時間が必要と考える．

このような状況からみると，直接的に制御しにくい非点源負荷に対しても，息の長い処理をすることが必要である．

下水道における非点源対策としては，以下の施策が考えられる．

① 雨水処理施設の設置．
② 合流式の改善による直接放流負荷の軽減．
③ 浸透式下水道の普及．

4.7 ビオトープ整備の課題と展望

20世紀には身近にある多くの自然環境が喪失し，地球温暖化，水質の悪化，外因性内分泌撹乱化学物質(環境ホルモン)など様々な環境問題を生じさせてきた．そのことは，人類の存続のためには，環境を保全すること，そして環境と共生することの重要性を認識させることとなった．

その一環として，身近にいた昆虫や魚などの生物環境を復元するビオトープ整備が行われ，生物とふれあうことによるうるおいややすらぎなどの"癒し"の効果や，青少年の健全な生育のためにも自然とのふれあいが重要であることもも認識されるようになってきた．

ビオトープ整備では，生態系の保全を目的とした人を近づけさせない整備もあるが，それよりむしろ人との共生を考えた「人と自然との良好な関係」が築けるようなビオトープ整備が重要である．このためには，ビオトープを活用するためのプログラムの開発やインタープリターの養成，さらには環境基金などの社会制度の整備が必要である．

4.7.1 ビオトープ整備の現状

(1) ビオトープ整備状況

現在整備されているビオトープには，広大な敷地に生物のサンクチュアリとして整備されたものや，学校の敷地の一部に池を掘ってビオトープとしたものまで幅広く存在する．主体は，公共用地であるが，最近では都市開発の中にビオトープを取り入れ，都市の中に生物の生息空間を創出することが試みられるようになってきた．

ビオトープの整備には，次のような実施例がある．
- 河川管理者が河川敷などに整備する場合．
- 道路管理者，下水道などの公共施設管理者が施設内の空き地に整備する場合．
- 公園の一部に整備する場合．
- 学校敷地内に整備する場合．
- 開発区域内に整備する場合．

以下にこれらの実施例について述べる．

a．河川管理者が河川空間などにビオトープを整備した例　　都市河川はともかくとして，大河川では，水辺と河岸植生，河畔林などにより自然のビオトープを形成している．その中で，広大な河川敷を利用してビオトープを整備した例として，建設省荒川上流工事事務所により整備された「荒川ビオトープ」があげられる．荒川ビオトープは，荒川の河口から57km地点に位置する北本市および川島町の河川敷につくられた"生き物たちの楽園"である．かつては，サシバ(タカの仲間)やキツネが繁殖してい

写真-4.10　上空からみた「荒川ビオトープ」周辺(建設省荒川上流工事事務所パンフレットより)

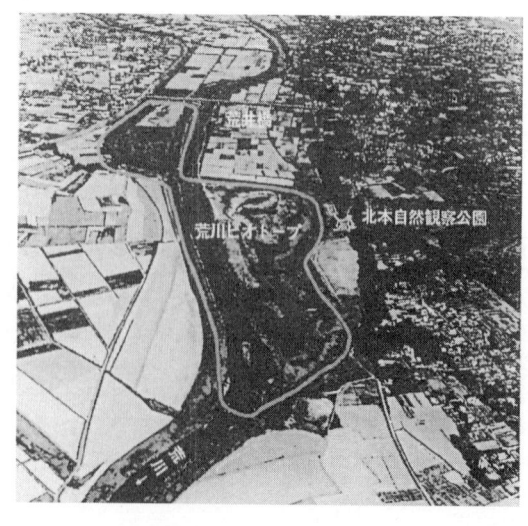

4.7 ビオトープ整備の課題と展望

たが,開発などによって姿を消してしまった.

そこで,サシバを呼び戻すことを整備の目標にし,そのために良好な自然環境を50ha以上確保することにしている.具体的には,生き物の少ない麦畑や牧草地などの平坦地を水路やワンド,ヤナギ林などをつくるなどして改善し,隣接する北本自然観察公園とあわせて必要な自然が確保されている.

b.道路,下水道などの公共施設管理者が施設内の空き地を利用してビオトープを整備した例 中部地方建設局では,名古屋環状2号線名古屋西ジャンクションの既設の雨水調整池を改良してビオトープをつくっている.

あまり使われない公共空間を利用してビオトープ整備を行ったものであり,今後このような整備の増加が望まれる.

c.公園内の一部をビオトープとして整備した例 京都市都市緑化協会が管理する京都市の梅小路公園(総合公園,約11.6ha)には,1996年(平成8年)に開設されたビオトープ「命の森」約1haがあり,このビオトープのモニタリングを行っているボランティアグループによる調査記録がホームページに掲載されている.このグループは,「京都ビオトープ研究会―命の森モニタリンググループ」(事務局:大阪府立大学農学部緑地環境保全学

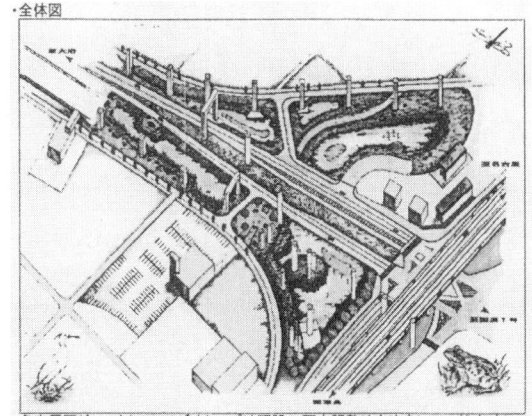

名古屋西ジャンクションのビオトープは既設の雨水調整池を改良してつくられました.
サギがエサを食べる場所として,池の中に中の島をつくったり,浅瀬をつくったりしています.その他にも水辺にヨシなどを移植したり,陸地の平らな場所にトカゲなどの小動物のすみかをつくっています.

水際のブロックや橋脚(きょうきゃく)に土をかぶせて,中の島や浅瀬をつくり,サギたちがエサを取りやすくするとともに,水辺と陸との自然のつながりを再現しました.

土が流れ出るのを止めるために使った排水用コンクリートブロックのなかに魚がかくれているかもしれません.

図-4.25 道路ビオトープ(名古屋環状2号線名古屋西ジャンクションビオトープ)

研究室内)であり，メンバーは生物の専門家が多く，専門家の立場からモニタリングの結果が報告されている．

- 京都ビオトープ研究会－命の森モニタリンググループ
  http://rosa.envi.osakafu-u.ac.jp/biotope/index.html

d．学校の敷地の一部にビオトープを整備して，環境教育などに利用している例　校庭の一部に池をつくった簡単なものも含まれ，これらは学校ビオトープといわれている．最近では，整備事例も増え，各地で整備状況などが報告されている．さらに，新聞やテレビなどのメディアでも取り上げられる機会が増えている．

これらは環境教育やクラブ活動の一環として行われ，教師とともに生徒などによってホームページが開設され，整備の状況や観察会などの様子が報告されている．そのうちのいくつかのアドレスを紹介する．

- 神戸市環境局環境教育係　学校ビオトープ(本山第2小学校，西山小学校，鹿の子台小学校，糀台小学校，多井畑小学校など)
  http://www.city.kobe.jp/cityoffice/24/kyouiku/job2/biotopes.html
- ビオトープフォーラム　愛知県豊川市立桜木小学校
  http://www01.u-page.so-net.ne.jp/sa2/bzl03743/sana1/sana1.html
- 埼玉県越谷市立越谷小学校
  http://www1.neweb.ne.jp/wb/nankoshi/

e．都市開発の一部にビオトープを整備した例　大阪ビジネスパーク(OBP)は，ツイン21の完成以来，新都心としての体裁を整えるに至った．その外部環境は，

写真-4.11　都市開発内のビオトープ
(OBP．後方はツイン21)

大阪城公園の緑と連続する豊かな都市緑地を形成しているが，それは，管理された公園型の植栽であり，虫や魚，鳥の共存する自然環境とは異なった人工的なものである．事業者では，一部に着目され始めたビオトープを既存の公開空地に設置すべく準備を進め，1997年(平成9年)3月に工事に着工した．今後，この施設がOBP内のビジネスマンにうるおいを与える効果はもとより，大阪の新しい名所として育っていくことが期待されている．

(2) 学校ビオトープ（小金高校）

学校ビオトープのうち，熱心な取り組をしている千葉県立小金高校の例をホームページから引用して紹介する．

a．小金ビオトープの概要 小金ビオトープは，小金高校の中庭に1996年(平成8年)春につくられたものである．池を掘り，井戸水を流し，クヌギやコナラを植え，畑をつくり，雑草は除草しないで見守っている．ビオトープをつくった理由は，次のとおりである．

- 生物の授業で利用したい．
- 生徒たちに「身近な自然を大切にする気持ち」を育てたい．

深刻な環境問題の解決のために，環境教育の必要性が叫ばれており，ビオトープに生息する生き物たちの観察から，地域の自然や生活環境に対して関心を持ち，環境問題の解決に直接行動するような人間を育てたいという願いが込められている．

今までの学校園は，環境整備の一環として景観だけを気にして，きれいな花や盆栽のような樹木を中心につくっていた．植物の姿は認められるが，昆虫や

図-4.26 小金高校ビオトープホームページ

野鳥の姿はあまりみられない．それがビオトープであれば，チョウやバッタがみられる．池をつくれば，メダカやトンボがみられ，生き物たちとのふれあいを通して，健全な生命感や自然感を子どもたちに育むことができる．

　b．整備後の状況　　小金ビオトープができて，2年が過ぎ，23種類の野鳥，14種類のトンボ，17種類のチョウが確認された．

　池ではメダカが泳ぎ，ギンヤンマ（クロスジギンヤンマ）やシオカラトンボのヤゴが育っている．レッドデータブックに記載されているミズアオイやタコノアシ（絶滅危急種）も自然に生えてきた．放したアカガエルの卵から育ったオタマジャクシは，カエルとなって上陸し，1997年（平成9年）春には31個の卵塊が確認された．

　珍しい生物としては，きれいな水に生息するヒドラやプラナリアが大量に発生した．ヒドラは淡水産のイソギンチャクの仲間である．プラナリアは，どんな形に切っても元の形に再生する面白い生物である．どちらも生物の教科書には必ず載っており，教材屋で買うと20匹6 000円もする．

　このように，小金ビオトープの生物相の復元は順調で，授業でも大いに利用されている．

　c．『ホームページ』の開設　　『小金ビオトープ通信』のホームページが開設され，小金ビオトープの詳しい説明，写真集，新聞記事などが掲載されている．

　さらに，小金高校の公式ホームページにも，最新の小金ビオトープ通信などの情報を提供している．

　　ホームページには，次のような意見が掲載されている．

　　「私たちは，ビオトープのネットワーク化とともに，生き物たちに優しい街
　　　づくりを考える，そんな人たちとのネットーワーク化を願っています」．

　小金高校のビオトープ通信，およびこれとリンクしている松戸みどりのネットワークのアドレス(URL)を次に示す．一度アクセスしていただきたい．

　・小金ビオトープ通信　　http://www.asahi-net.or.jp/~sv5h-kwkt/
　　　　　　　　　　　　　　　　　　　　　　　　　　　　BIOTOP.HTML

　・松戸みどりのネットワーク　　http://village.infoweb.ne.jp/~satoyama/

　d．ビオトープネットワーク　　小金高校のビオトープができた頃，松戸市幸谷の『関さんの森』を維持管理するために『関さんの森を育む会』ができた．育む会は，関さんの森の維持管理の他，近くに残る『溜の上の森』の維持管理，緑の基本

計画への提言など，多彩な活動を行っている．

一方，小金高校の南方2kmの松戸市旭町にもビオトープづくりが始まった．地主の大井さんが休耕田を提供し，松戸市によって井戸と堀(池)をつくる工事が行われた．1997年(平成9年)4月に完成した後は，『ひろちゃん堀』と名づけられ，関心のある市民が集まって維持管理の作業を行っている．

このように，小金高校にビオトープができるのと同時に，周辺で複数のビオトープづくりの運動が始まり，身近な自然環境をまもる運動から，育む運動が生まれつつある．

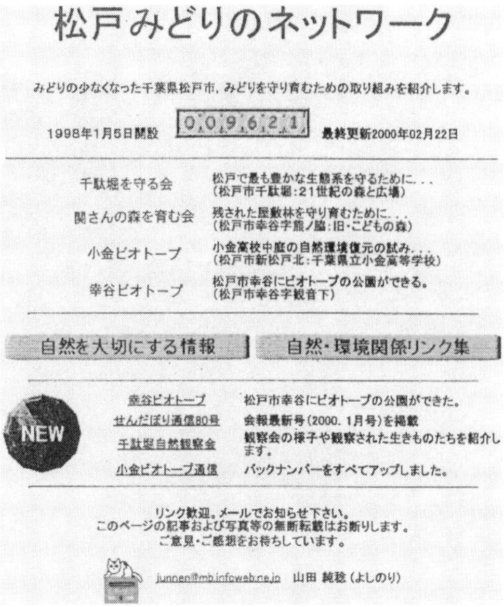

図-4.27 松戸みどりのネットワークホームページ

「ビオトープネットワークの概念を街づくりにとりいれる……．生き物にたちにとって優しい街は，私たち人間にとっても優しい街のはずです」と，街づくりにビオトープを取り入れ，ネットワーク化することが主張されている．

(3) ビオトープの利活用

先に紹介した荒川ビオトープに隣接して北本自然観察公園(埼玉県)がある．ここには，埼玉県自然学習センターが置かれ，多くの来館者がある．学習センターでは，企画展，自然学習会，団体利用者への学習指導などが行われており，ここでの管理の状況について述べる．

a．北本自然観察公園の概要
北本自然観察公園は，JR高崎線北本駅の南西約3.5kmの荒川河川敷に接する面積約32.9haの地域である．

ここは，大宮台地から荒川に向けた開折谷が入り込んだ地形を形成している地域であり，首都に直結する鉄道や道路が整備され，近年，急速に都市化が進む中にあっても，雑木林や湿地など多様な自然環境が良好な状態で残されている貴重

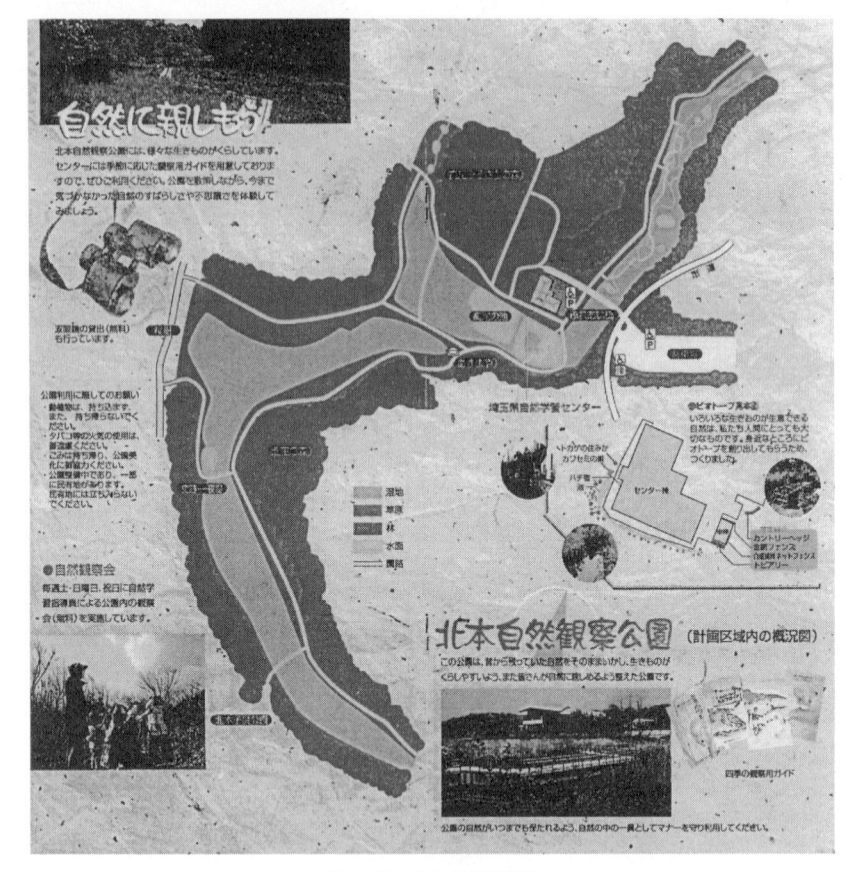

図-4.28 北本自然観察園

な地域である．

b．学習センターの運営状況　自然学習センターは，埼玉県民が自然について学習し，理解を深めることによって自然保護の普及・啓発を図ることを意図している．そのため，以下の事業を実施することになっている．

・自然保護や自然観察についての学習機会の提供．
・自然環境に関する情報収集・提供．
・自然学習の指導的役割を担う人材の養成．

自然観察会・イベントなどの状況は次のとおりである．

① 自然観察会：毎週土曜・日曜・祝日の午後2時から3時まで，自然学習指

導員の案内で，公園内の観察会(野鳥や植物，昆虫など)を実施．双眼鏡も用意されている．

② 野あそび教室：小中学生が休みの毎月第2土曜日は，家族や友だち同士で参加できる体験型の観察会が行われている．

2000年(平成12年)春には，(財)埼玉県生態系保護協会との共催で，「小さなお花見大会見」，「生きもののすみかをつくろう」，「君も1日自然観察リーダー」，「虫たちに挑戦！」などが行われた．

③ 団体利用：団体で自然観察・自然体験などができ，案内は自然学習指導員が行っている．団体利用は，「小学生の社会見学」，「教育関係者の研修」，「子供会の体験学習(ネイチャーゲームなど)」，「公民館活動の一環としての自然学習」，「仕事の仲間の集まりと自然学習」，「趣味のグループの集まりと自然学習」などが行われている．

④ イベント：2000年の春には次のようなイベントが行われた．

- 里山を守ろう；雑木林の下草取りと椎茸の植菌作業の体験を通して新緑の木々に親しむ．
- テントウムシ調査；フィールドでテントウムシを採取して生息する種類と数を調査する．
- 自然学習ミニ講座；自然や環境をテーマとした小講座．
- バードカービング教室；木彫りの野鳥の制作．
- 野生生物フォトコンテスト入賞作品展示；アマチュアカメラマンによる入賞作品の展示．

c．管理の状況と問題点　　管理の状況と問題点について，「ビオトープの計画と設計」より引用し，要約して以下に示す．

- 自然とふれあうことを目的とした観察会などは，季節にかかわりなく多くの参加があり，自然保護団体への委託やボランティアの協力を得ながら，拡大しつつ効果をあげており，参加者の目は皆生き生きとしている．
- 夏休みの教員の理科(中学校)研修会，生活科(小学校)研修会などにも定期的に利用される機会が多くなってきている．
- 一般の会議場としての利用も兼ねてその前後に自然観察会を行うグループもあり，多様な形での活用を通して自然と親しんでもらうことが自然を大切にする行動の糸口になると考えられる．

- 開園当初は，ヘイケボタルがとられたり，カワラナデシコやヤマユリがとられたりした．
- 移入動物(ペット，ヘラブナ，カムルチー，ブラックバスなど)が増え，時にはヨシでつくったカイツブリの巣をつついて親鳥が巣に近寄れない光景もみられる．毎年，職員がかい堀を行い，大型移入魚の繁殖を抑える努力をしているが，移入動物によって自然の自力再生に追いつかない事態が進行する恐れも生じてくる．
- 自然愛好家の増加で，最近ではより知識の豊かで質の良い解説者，指導者が求められており，その養成を急ぐ必要がある．
- 維持管理する立場と利用する立場に一線を引かず，自然な気持ちから協力しようという善意の気運の高まりを受け止める必要がある．

4.7.2 ビオトープ整備の課題

このように，ビオトープは各地で整備されるようになってきた．特に学校ビオトープは，熱心な取組みとともに，紹介したようにホームページが各地で開設され，新聞でも取り上げられている．今後も，ビオトープ整備は各地で行われると考えられる．その際の課題としては，次のようなことが考えられる．

(1) 多様な生物の生息環境の確保と環境の向上

湿地や干潟，水生植物などが存在する湖などの岸辺は，多様な生物が生息する貴重な空間である．ビオトープでは，池や湿地を配置することで多様な生物の生息空間が形成される．特に水域から陸域への推移帯はエコトーンといわれ，水陸両域に生息する生物種が重なるなど，豊富で特徴的な生物群集がみられることから重要とされている．

水際のヨシ，マコモなどの抽水性の植物は，魚の産卵場所となるばかりでなく，根から栄養塩を吸収する．成長したヨシは，刈り取ってヨシズなどに利用されることで，汚濁物質が系外へ搬出されることになる．

例えば，琵琶湖周辺のヨシ帯には，ヤナギ，ハンノキが優占する湖畔林が混在して琵琶湖固有の自然景観を形成している．このようなエコトーンの生物の多様性，水質浄化効果，さらには景観形成の効果を保全するため，滋賀県では，いわ

ゆる『風景条例』や『ヨシ群落保全条例』を定めている．

　ビオトープ整備においては，このような多様な生物の生息環境の創出が重要であり，さらにはヨシなどの抽水植物の浄化効果から汚濁物質の面源負荷対策としての効果を期待したい．

(2) ネットワークの形成

　生物種によっては，産卵や発育，繁殖の時期によって利用する環境が異なる場合がある．このように生物が移動する場合，連続した環境や中継地が必要である．このためには，近接するビオトープをネットワーク化して，単独で存在するよりもより多様な生物の生息環境を創出する必要がある．

　このためには，街づくりでもビオトープのネットワーク化を考えていくべきである．

(3) 人と環境との関係づくり

　かつてのくらしにおいては，自然と人との直接的な関係があった．その多くは時代とともに衰退し，人々の関心や地域との結びつきなども変化してしまった．一方，近年では各種の環境ボランティア活動のように環境意識の高まりを受けた新たな結びつきも生まれている．かつての人と自然との関わりを手本として，新たな人と環境との関係づくりを目指す必要があろう．

　また，生物とのふれあいや観察を通して，日常生活におけるうるおい，やすらぎ，季節感といった自然との関わりから生まれる感動を得る機会や，自然を相手に遊び学ぶことにより感性を育むことが可能であり，このような体験を通して，自然の重要性を認識することが重要である．

　自然の重要性を認識させるためには，環境をわかりやすく解説する自然指導者（レンジャー，インタープリター）の育成が必要である．さらには，ネイチャーゲームや環境教育プログラムを充実させることも重要である．このような取組みを通して人と環境との新たな関係づくりを構築する必要がある．

(4) 適切な維持管理と組織づくり

　多様な生物の生息環境を創出するためには，人手を極力排した粗放型が望ましいと考えられるが，里山の多様な生物環境は，人間の生産活動がそこに生きる生

物へ良い影響を与えたたことによるものであり，ビオトープについても適切な維持管理がなければ荒廃してしまう．荒廃するとゴミが捨てられるなど，さらに環境が悪化することになる．

また，心ない釣り人などが放したブラックバスやブルーギル，ジャンボタニシ，セイタカアワダチソウなどの外来種は，在来種を駆逐して生態系を大きく変化させようとしている．

良好な生物の生息環境を創造し，在来種を保護するためには適切な管理が必要である．このためには，利活用とともに維持管理についても十分に考慮する必要がある．さらには，適切に利用・活用し，維持管理していくためには，自然指導者，NPO，ボランティアなどによる組織づくりが必要である．

(5) 住民参加

ビオトープの利活用や維持管理に多くの住民に参加してもらうためには，各種のプログラムも重要であるが，さらに整備の段階から多くの人に参加してもらい，自分たちでどのように利用したいか，そのためにはどのような整備が必要か，などの意見を反映させた整備が重要である．

その手法として，ワークショップや公開討論会などがある．ワークショップは，小規模な都市公園での住民参加手法として実施例が報告されており，他の事業分野での例も増えている．この手法は，参加者から多様な意見を引き出すためアイスブレーキングやKJ法などの工夫がなされており，合意形成を図るための有効な手段と考えられる．

(6) 情報発信

小金高校がホームページで情報発信しているように，ビオトープ整備の状況やその後の状況，工夫した点などがわかれば，後から整備する者にとって参考になる．

また，観察される生物などを各地で情報発信すれば，広範囲の生物相が把握できる可能性がある．さらには，自然の回復状況をモニタリングするうえでの参考ともなる．

このような情報発信により，環境に親しむイベントの紹介や環境の変化の様子をビジュアルに紹介することで，多くの人々の興味を引くとともに，ボランティアとして参加しようとする気運を高め，環境を良くしたいという人を増やすこと

になる．そのためにも，運営組織とともに情報発信のための体制づくりが重要である．

(7) 経済基盤の確立

運営組織とともに組織が機能的になるためには，経済的基盤を確かなものにする必要がある．そのためには，運営組織をNPOにするなどの対応とともに，グリーン基金やエコファンドといった基金の創出も必要である．

景気の悪化とともに企業のメセナも聞くことが少なくなってしまった．しかし，グリーン基金へ寄付する企業は，環境に対する意識が高いということを住民や消費者などが認識し，このような企業が社会的に認められるような仕組みや，企業の寄付行為に対する税制上の措置など，新たな社会制度の創出が望まれる．

4.7.3 今後の展望

日本では，古くから人々と里山とは密接な関係を築いてきた．薪や柴を依存するとともに，キノコや山菜なども採取することができ，このような人間の営みが里山の生態系を維持してきたといえる．しかし，経済の発展とともにその多くが失われようとしている．

今後，各地でビオトープが整備され，人と自然とのよりよい関係が築ければと思っている．さらに，このような自然とふれあうことによりうるおいのある生活を現代人にもたらすとともに，それが水環境の改善にも役立つことを願うものである．

4.8　感潮域における礫間浄化

河川や海岸における水質浄化の一手法として，礫間浄化が有効であることは早くから指摘されており，既に多くの実施例がある．

赤井らは，この礫間浄化法を感潮域のラグーンに適用することを試み，大

阪府樽井地先において顕著な効果のあがった例を報告している[49]（赤井らはこれを「海洋の空(うつろ)」と呼んでいる）．また，㈱大林組ではこれを石積み浄化堤（エコルム工法）と名づけて三河湾において実用化試験を行っている[50]．しかしながら，現在のところ，その効果の一般的な予測モデルを構築するまでには至っておらず，この方法が広く普及するには至っていない．

そこで，ここでは，感潮ラグーンにおける水質浄化のメカニズムを簡単な数理モデルで表現し，望ましい設計条件について考察することにする．

4.8.1 石積み堤による水質浄化機能

石積みの間隙を通過する間に水質浄化が進行するメカニズムとしては，石積みの間隙に固形物が沈殿することによって捕捉される沈殿作用，石積みの間隙に固形物がひっかかることによって捕捉されるろ過作用，および石積みの礫表面に付着した微生物の働きによって汚濁物が分解される接触酸化作用，などが考えられる．それぞれの作用はいまだ十分には解明されていないが，次のように抽象化してその定式化を図ってみよう．

まず，沈殿機能については，個々の間隙を図-4.29に示すような幅B，長さL，深さHの直方体の沈砂池に置き換えて考える．各間隙の上流端から沈降速度wの粒子を一様濃度Cで浮遊させた水が速度uをもって水平方向に流入し，間隙を通過する間に粒子が水平方向にu，鉛直下方にwの速度で進み，底部に達した部分は捕捉されるが，底部に達するまでに下流側に到達した粒子は再び一様に混合されて次の間隙に進むものとすれば，その間の除去率は，次式で表される．

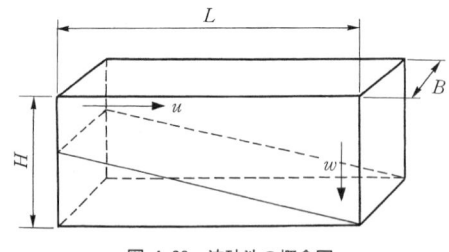

図-4.29 沈砂池の概念図

$$p_{11} = \frac{w \cdot \Delta t_1}{H} = \frac{w \cdot L}{u \cdot H} \tag{1}$$

ここに，Δt_1：水が1つの間隙を通過する時間．

ここで，L および H がともに礫径 D に比例するものとすれば，結局1つの間隙を通過する間の除去率は w/u に比例することになる．また，単位長さの石積み中にこのような沈砂池が n 個並んでいるものとすれば，n は礫径に反比例するから，単位通過距離当りの除去率は，

$$p_{1x} = n \cdot p_{11} \propto \frac{w}{u \cdot D} \tag{2}$$

となることが期待される．

ところで，ある時間間隔 Δt の間に水は石積みの中を長さ $u \cdot \Delta t$ だけ進むから，除去率を単位時間当りに換算すれば，

$$p_{1t} = p_{1x} \cdot u \propto \frac{w}{D} \tag{3}$$

と表される．

一方，単位時間内に接触酸化によって分解される負荷量は，接触する礫の総表面積(接触する礫個数と個々の礫表面積の積)に比例することが期待されるが，個々の礫表面積は，礫径の2乗に比例し，単位容積内の礫の個数は礫径の3乗に反比例することから，単位時間当りの除去率は，次式で表せる．

$$p_{2t} = \frac{p_{2at}}{D} \tag{4}$$

ここに，p_{2at}：単位比表面積(単位体積中の表面積)・単位時間当りの除去率で，速度の次元を有する係数．

もうひとつの作用であるろ過は，間隙の大きさ程度以上の負荷についてのみ有効であるから，SS の対象となるような微細成分については，上記の2つの作用だけを考えると，いずれも単位時間当りの除去率が礫径に反比例しているので，両者の作用を合わせた全体としての単位時間当りの除去率も礫径に反比例することになる．そこで，これを次のように表すことにする．

$$p_t = \frac{\alpha}{D} \tag{5}$$

ここで，α は速度の次元を有する係数であり，現段階では理論的にその値を求めることは難しいが，p_t と D の実測値から逆算によって推定することができる．

このようにして石積み堤を透過する間の単位時間当り除去率が求められれば，

$$\frac{dC}{dt} = p_t \cdot C \tag{6}$$

と表すことによって，滞留時間 τ 経過後の水質負荷の残留率は，次のように表せる．

$$R = \frac{C-C_{inf}}{C_0-C_{inf}} = \exp(-p_t \cdot \tau) \tag{7}$$

ここに，C：τ 経過後の負荷濃度，C_0：負荷濃度初期値，C_{inf}：負荷濃度最終値．

4.8.2 石積み堤内の流れの解析法

(1) ラグーン内の水位変動

図-4.30 のように，水面積 A の水域が厚さ L の石積み堤を介して海に接している状況を考える．堤内の流れが Darcy 則に従うものとすれば，外海の水位を H_0，内海の水位を H_i で表すと，次式が成り立つ．

$$v = \frac{k(H_0-H_i)}{L} \tag{8}$$

ここに，v：外海から内海へ向かう見かけ流速，k：透水係数．
いま，外海の潮差が石積み堤地点の平均水深に比べて小さいものとすれば，外海から内海へ向かう流量 Q は，

$$Q = v \cdot B \cdot h \tag{9}$$

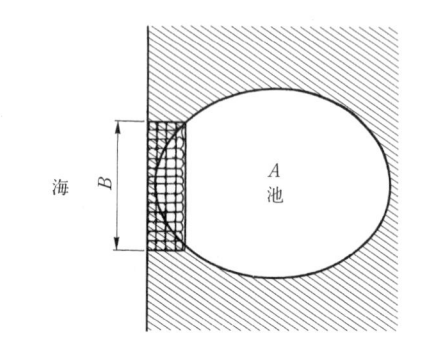

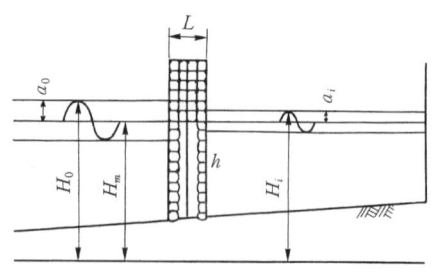

図-4.30 感潮ラグーンと石積み堤の概念図

で表されるが，連続の関係より，

$$Q = A \cdot \frac{dH_i}{dt} \tag{10}$$

であるから，式(8)，(9)を式(10)に順次代入することにより，

$$\frac{dH_i}{dt} = \frac{k \cdot B \cdot h}{A \cdot L} \cdot (H_0 - H_i) \tag{11}$$

が得られる．ここで，

$$H_0 = H_m + a_0 \cdot \sin\left(\frac{2\pi \cdot t}{T} + \phi\right) \tag{12}$$

$$H_i = H_m + a_i \cdot \sin\frac{2\pi \cdot t}{T} \tag{13}$$

と表されるものとすれば，式(12)，(13)を式(11)に代入することにより，

$$\frac{a_i}{a_0} = \cos\phi \tag{14}$$

$$\phi = \tan^{-1}\frac{2\pi \cdot A \cdot L}{k \cdot B \cdot h \cdot T} \tag{15}$$

が得られる．

ここで，式(15)で表される位相差ϕ，あるいはその余弦として表される内外の振幅比a_i/a_0がどの程度の値になるかを検討したのが，図-4.31である．

この図からわかるように，$A \cdot L/k \cdot B \cdot h \cdot T$がよほど大きくない限り，位相差は小さく，振幅もほとんど減衰しないことがわかる．すなわち，ラグーンの中の水位は，ほぼ外海の水位に等しいものと近似できる．

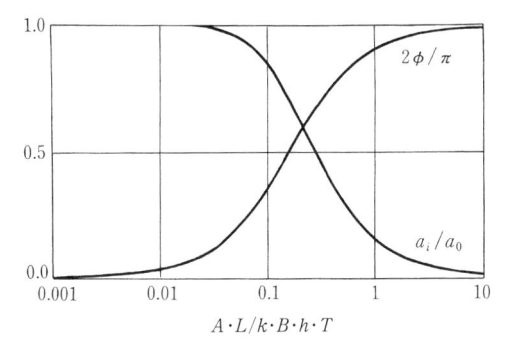

図-4.31 石積み堤内外における潮位変動の位相差と振幅比

(2) 石積み堤の透過時間

さて，水が石積み堤を透過する間に浄化の生じることは先に述べたが，その浄化量を定量的に評価するには，石積み堤内の水の軌跡と透過時間(滞留時間)を把握する必要がある．

そこで，石積み堤内の水の透過軌跡を模式的に表現すると，図-4.32のようになる．

すなわち，フェーズ1では，外海の水が石積み堤を通って内海に流入する．

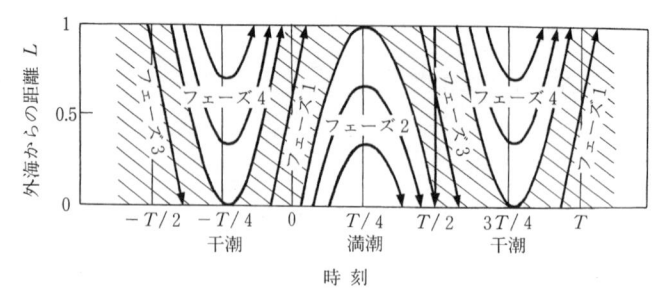

図-4.32 石積み堤内の水の透過軌跡の概念図

フェーズ2では，外海の水がいったん石積み堤に流入するが，内海に達するまでに途中で向きを変えて外海に逆戻りする．

フェーズ3では，内海の水が石積み堤を通って外海に流出する．

フェーズ4では，内海の水がいったん石積み堤に流入するが，外海に達するまでに途中で向きを変えて内海に逆戻りする．

次に，各フェーズごとに石積み堤内での滞留時間を求めてみる．ただし，内海の水位は常に外海の水位に等しく，次式で表されるものと近似する．

$$H_i = H_m + a \cdot \sin \frac{2\pi \cdot t}{T} \tag{16}$$

いま，石積み堤の深さ方向には現象が変化しない，すなわち石積み堤のどの高さにおいても水は同じ速さで動くものとする．フェーズ1のある時刻 t_{11} に外海から石積み堤に流入した水が時刻 t_{12} に内海へ流出するということは，視点を変えれば，時刻 t_{11} に石積み堤の間隙に存在した水が時間 $(t_{12}-t_{11})$ の間に内海へ流出することになるから，その体積を V_v とすれば，内海の水位は，

$$\Delta H = \frac{V_v}{A} \tag{17}$$

だけ上昇することになる．ここに，A は内海の水面積である．V_v は石積み堤の厚さを L，長さを B，水深を h，空隙率を λ とすれば，

$$V_v = \lambda \cdot B \cdot L \cdot h \tag{18}$$

であるから，

$$\Delta H = \frac{\lambda \cdot B \cdot L \cdot h}{A} \tag{19}$$

と表される．したがって，時刻 t_{11} における水位を H_{11}，t_{12} における水位を H_{12}

と表せば,
$$H_{12} = H_{11} + \Delta H \tag{20}$$
あるいは,
$$H_{11} = H_{12} - \Delta H \tag{21}$$
ということになる. すなわち, 滞留時間は,
$$\begin{aligned}\tau_1 &= t_{12} - t_{11} \\ &= t_{12} - \frac{\sin^{-1}\left[\dfrac{a \cdot \sin\left(\dfrac{2\pi \cdot t_{12}}{T}\right) - \Delta H}{a}\right] \cdot T}{2\pi}\end{aligned} \tag{22}$$
と表される. なお, 外海側でフェーズ1が始まる時刻 t_{11s} は, 干潮時であるから,
$$t_{11s} = -\frac{T}{4} \tag{23}$$
また, 干潮時に石積み堤に流入した水の滞留時間を τ' と表せば, 内海側でフェーズ1が始まる時刻 t_{12s} は,
$$t_{12s} = -\frac{T}{4} + \tau' \tag{24}$$
となるが, その時, 内海の水位は, 干潮水位よりも ΔH だけ高くなっているから,
$$a \cdot \sin\left[\frac{2\pi\left(-\dfrac{T}{4} + \tau'\right)}{T}\right] = -a + \Delta H \tag{25}$$
となる. したがって,
$$\tau' = \frac{T}{4} - \frac{\sin^{-1}\left(1 - \dfrac{\Delta H}{a}\right) \cdot T}{2\pi} \tag{26}$$
となる. 一方, 内海側でフェーズ1が終了する時刻 t_{12e} は, 満潮時であるから,
$$t_{12e} = \frac{T}{4} \tag{27}$$
であるが, その時の滞留時間を τ'' とすれば, 外海側でフェーズ1が終了する時刻は, t_{12e} よりも τ'' だけ前であるから,
$$t_{11e} = \frac{T}{4} - \tau'' \tag{28}$$

となる．τ'' と τ' とは厳密には同じでないが，ほぼ等しいものとみなすことができる．

次にフェーズ 2 のある時刻 t_{21} に外海から石積み堤に流入した水が内海に達せずに，時刻 t_{22} に外海へ逆戻りする場合を考えてみる．この場合には，干潮時を挟んで現象が前後対称であると考えると，滞留時間は，

$$\tau_2 = t_{22} - t_{21}$$
$$= 2\left(t_{22} - \frac{T}{4}\right) \tag{29}$$

となる．外海側におけるフェーズ 2 の開始時刻 t_{21s} と終了時刻 t_{22e} は，それぞれ

$$t_{21s} = \frac{T}{4} - \tau'' \tag{30}$$

$$t_{22e} = \frac{T}{4} + \tau'' \tag{31}$$

と表される．

フェーズ 3 ではフェーズ 1 と流向が逆転しているだけであるから，滞留時間は，

$$\tau_3 = t_{32} - t_{31}$$
$$= t_{32} - \frac{\sin^{-1}\left[\dfrac{a \cdot \sin\left(\dfrac{2\pi \cdot t_{32}}{T}\right) + \varDelta H}{a}\right] \cdot T}{2\pi} \tag{32}$$

となる．内海側でフェーズ 3 が始まる時刻 t_{31s} は，満潮時であるから，

$$t_{31s} = \frac{T}{4} \tag{33}$$

と表せる．外海側でフェーズ 3 が始まる時刻 t_{32s} は，それよりも τ'' だけ後であるから，

$$t_{32s} = \frac{T}{4} + \tau'' \tag{34}$$

と表される．外海側でフェーズ 3 が終了する時刻 t_{32e} は，干潮時であるから，

$$t_{32e} = \frac{3T}{4} \tag{35}$$

と表せる．内海側でフェーズ 3 が終了する時刻 t_{31e} はそれよりも τ' だけ前であるから，

$$t_{31e} = \frac{3T}{4} - \tau' \tag{36}$$

と表される．

フェーズ4ではフェーズ2と流向が逆転しているだけであるから，滞留時間は，

$$\tau_4 = t_{42} - t_{41}$$
$$= 2\left(t_{42} - \frac{3T}{4}\right) \tag{37}$$

となる．内海側におけるフェーズ4の開始時刻 t_{41s} と終了時刻 t_{42e} は，それぞれ

$$t_{41s} = \frac{3T}{4} - \tau' \tag{38}$$

$$t_{42e} = \frac{3T}{4} + \tau' \tag{39}$$

と表される．

そこで後述の「りんくう公園修景池」の諸元をあてはめて，各フェーズにおける滞留時間の変化を図示すると図-4.33のようになる．

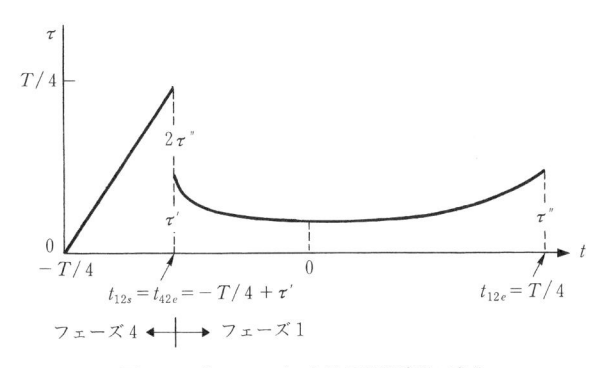

図-4.33 各フェーズにおける滞留時間の変化

4.8.3 ラグーン内の水質の時間変化

石積み堤内における水質の時間変化は，4.8.1で述べたように，指数低減するものと近似される．そこで，各フェーズにおいて石積み堤に流入する時の負荷濃度と滞留時間がわかれば，石積み堤から流出する時の負荷濃度が算出できること

になる．石積み堤からラグーン内に流出した負荷がラグーン内に広がるのにはある程度の時間を要するため，ラグーン内での負荷濃度は場所によって異なるが，ここでは簡単にするため，その空間的な平均濃度について考えることにする．

いま，ラグーン内での負荷の生成・消滅が省略でき，負荷の増減は，石積み堤を介してのみ生じるものとすれば，石積み堤からラグーン内への負荷が流入するフェーズ1の全期間とフェーズ4の後半部にのみラグーン内の濃度が変化し，ラグーン内から石積み堤へ負荷が流出するフェーズ3の全期間およびフェーズ4の前半においては，ラグーン内の濃度変化は生じない．

そこで，時刻 t におけるラグーン内の水の体積を V_i，負荷量を S_i，濃度を C_i 微小時間 Δt 内にラグーンに流入する水の体積を ΔV，濃度を C，流入負荷量を ΔS とすれば，

$$S_i = V_i \cdot C_i \tag{40}$$

$$\Delta S = \Delta V \cdot C \tag{41}$$

であるから，Δt 間の濃度変化は，

$$\Delta C = \frac{S_i + \Delta S}{V_i + \Delta V} - C_i$$

$$= C_i \cdot \frac{\Delta V}{V_i} \left(\frac{C}{C_i} - 1 \right) \tag{42}$$

したがって，濃度の変化速度は，

$$\frac{dC}{dt} = \frac{C_i \cdot Q}{V_i} \left(\frac{C}{C_i} - 1 \right) \tag{43}$$

となる．ここで，流入流量が Q で，ラグーンの水面積を A，ラグーンの水位を H とすれば，

$$Q = A \cdot \frac{dH_i}{dt} \tag{44}$$

である．また，流入負荷濃度 C は，前項の結果より次式で表される．

$$C = C_{inf} + (C_0 - C_{inf}) \exp(-p_t \cdot \tau) \tag{45}$$

ここに，C_{inf}：最終残留濃度，C_0：石積み堤への流入時の負荷濃度，τ：滞留時間．

τ は前項で求めたように，フェーズ1とフェーズ4について，それぞれ式(22)と式(37)で与えられる．

C_0 は，フェーズ1においては外海の負荷濃度で与えられ，

$$C_0 = C_{\text{out}} \tag{46}$$

フェーズ4においては，フェーズ1の終点($t=T/4$)における内海の負荷濃度に等しく，

$$C_0 = C_i \left(\text{at} \quad t = \frac{T}{4} \right) \tag{47}$$

で与えられる．そこで，式(43)を時間に関して積分すれば，ラグーン内の濃度の時間変化が求められることになる．

4.8.4 計算例

上記のモデルに基づく感潮ラグーンの水質変化の計算例として，後述の「りんくう公園修景池」をイメージした次のような条件を設定してみる．

$A = 10\,000$ m², $a = 0.75$ m, $L = 20$ m, $B = 100$ m,
$T = 12$ 時間 25 分, $\lambda = 0.3$, $h = 3$ m, $p_t = 1.7 \times 10^{-3}$/s,
$C_{\text{SS},out} = 7.0$ mg/L, $C_{\text{SS},inf} = 0.4$ mg/L,
$C_{\text{COD},out} = 2.5$ mg/L, $C_{\text{COD},inf} = 1.7$ mg/L

この場合の SS と COD のシミュレーション結果を示すと，図-4.34 のようである．

(a) SSのシミュレーションの結果

(b) CODのシミュレーションの結果

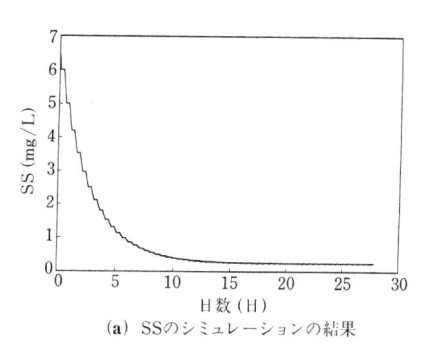

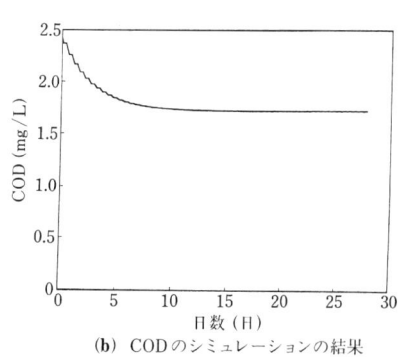

図-4.34 りんくう公園修景池のスケールを想定したSSとCODのシミュレーション結果

次に，上記の設定条件における諸パラメータのうち一つだけを変化させて，他のパラメータを同じにした場合の2日後の負荷除去率を示すと図-4.35 のようである．

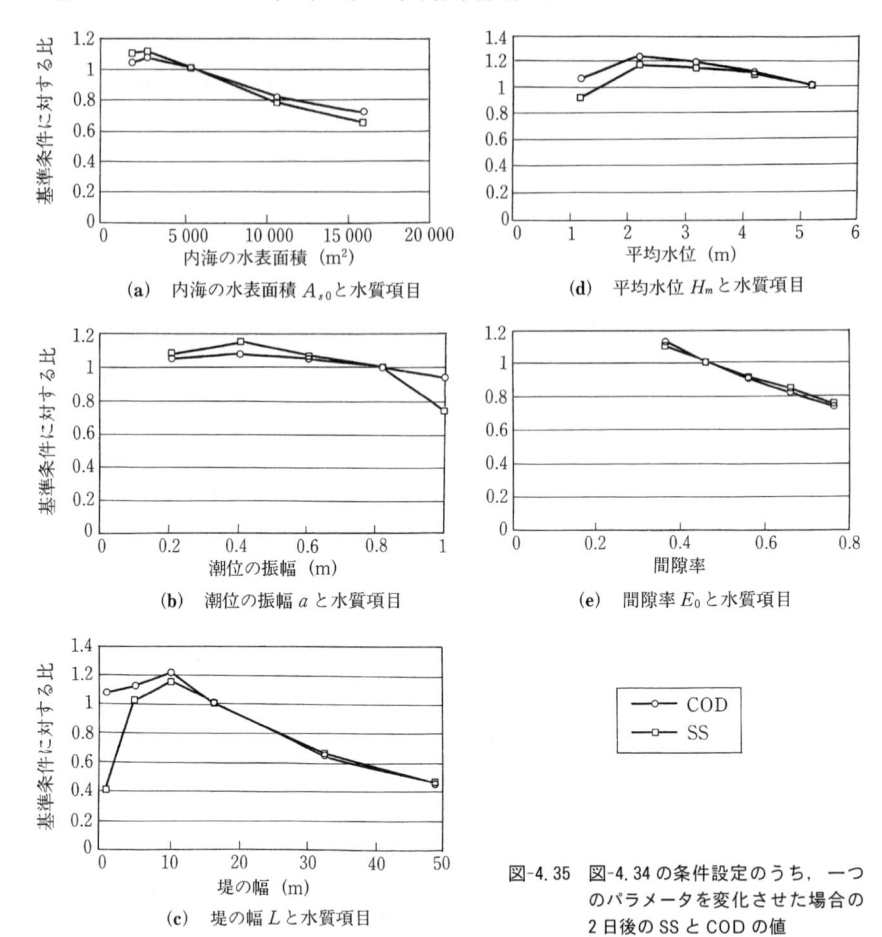

(a) 内海の水表面積 A_{s0} と水質項目

(b) 潮位の振幅 a と水質項目

(c) 堤の幅 L と水質項目

(d) 平均水位 H_m と水質項目

(e) 間隙率 E_0 と水質項目

○ COD
□ SS

図-4.35 図-4.34の条件設定のうち，一つのパラメータを変化させた場合の2日後のSSとCODの値

　これらの図より，まず，経過日数が10日程度に達すると，SSとCODはもはやほとんど変化しなくなり，それぞれの特性に応じた漸近値に近づくことがわかる．また，内海の面積を少々変化させても浄化特性に顕著な差は生じないこと，潮汐の振幅が0.4 mの時にSSの除去率が大きくなること，石積み堤の幅は10 m程度で除去率が最大になること，平均水深は2 m程度の時に除去率が最大になること，空隙率が大きいほど除去率が小さくなること，などが推定される．

4.8.5 「りんくう公園」における調査例

　大阪府りんくう公園(泉佐野市)には，1996年(平成8年)に図-4.36に示すような修景池が完成し，絶好の憩いの場として好評を博している．この池は，石積み堤を介して大阪湾に面しており，潮汐に応じて海水が出入する．著者らは造成中からこの池の水質変化に注目し，調査を続けてきた．そして石積み堤の外側直近と内側直近における負荷濃度の差異を実測することにより，負荷濃度低減係数を求めたところ，前項のシミュレーションに用いた値が得られた．

　4.8.1に述べたように，この低減係数は粒径に反比例することが予想されるため，低減係数に粒径を乗じると 25×10^{-3} cm/s となる．この値が石積み堤による浄化効果を表す普遍的なものであるかどうかは疑わしいが，ひとつの目安となるのではなかろうか．

　このように，「りんくう公園」の石積み堤近傍の水質測定結果によると，確かに上げ潮時には外海側よりも内海側の負荷濃度が低く，下げ潮時には内海側よりも

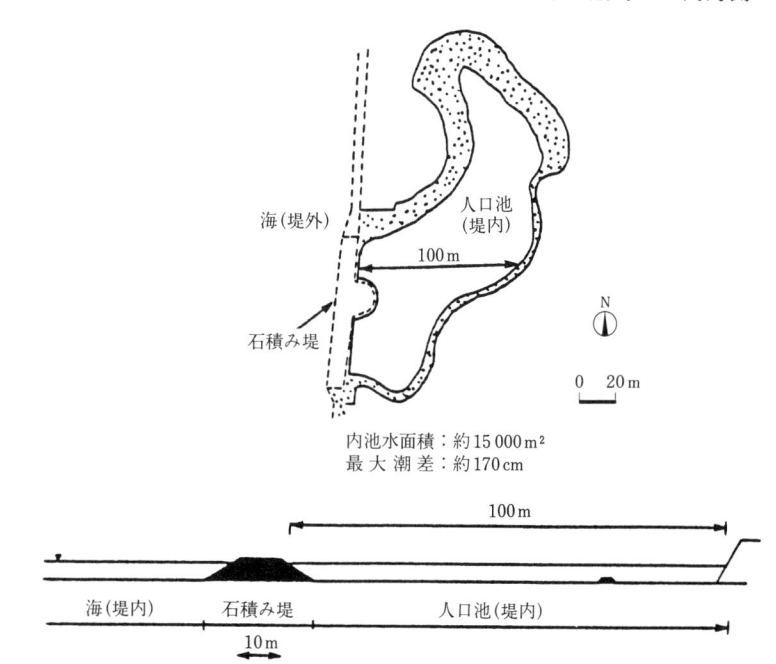

内池水面積：約15 000 m²
最 大 潮 差：約170 cm

図-4.36　りんくう公園における修景池

外海側の負荷濃度が低い傾向になることから,石積み堤による水質浄化機能が確認される.また,その際,接触酸化が生じているであろうことも,石積み堤を通過する際に溶存酸素量が減少していることから裏づけられた.

しかしながら,この低減特性を求めるのに用いた負荷濃度は,石積み堤の両側で同時に採水して求めたものであり,石積み堤内で数十分の滞留時間があることを考慮すれば,その求め方に若干問題があろう.

また,前項のシミュレーションでは,一応,感潮ラグーンの水質の時間変化が求められてはいるものの,石積み堤の形状を直方体とし,幅が一様としていること,内海と外海の水位が常に等しいと近似していること,外海の負荷濃度が常に一定とおいていること,ラグーン内の負荷の生成・消滅を省略していること,など数々の問題点が存在する.

シミュレーション結果では,ラグーン内の負荷濃度は時間とともに減少して,ある一定値に漸近していく傾向を有するが,現地調査データによれば,負荷濃度は明確な季節変化を示し,概して夏季に高くなり,冬季に低くなる傾向がある.特に初夏には赤潮の発生もみられ,SSが急増したり,DOが極端に減少する時期もみられた.

このことから,前項のシミュレーション結果は,石積み堤による浄化効果のみを表現したものであり,他の要素については,考慮できていないといわざるを得ない.今後,さらにモデルを改良していく必要があろう.

4.8.6 より効果的な水質浄化を目指して

以上に述べたように,石積み堤は感潮ラグーンの水質浄化に一定の寄与をすることが期待できるが,それ単独ではラグーン全体にその効果を及ぼすことは難しい.より効果的な水質浄化を行うには,ラグーン内での生態循環を改善する必要があろう.すなわち,石積み堤で部分的に浄化された水の供給をきっかけとして,多様な生物の生息環境を保持するとともに,成長した魚や藻類などを収穫して水系から除去することによって負荷の蓄積が防止できるのではないかと考えられる.紙面の制約上,ここでは詳しく触れないが,そのような考えに基づいたシミュレーションが大塚ら[51]によってなされている.

参 考 文 献

参考文献

1) 菅原正孝他：持続可能な水環境政策, 技報堂出版, 1997.5.
2) 廃棄物研究財団：循環型社会に対応した有機性廃棄物の資源化処理システムの開発研究要旨集平成11年度, 2000.3.
3) 若月利之他：多段土壌層法による土壌生態系を用いた水質浄化法, 環境技術, 28巻, pp.806-813, 1999.11.
4) 淀川水質汚濁防止連絡協議会：平成10年度淀川の水質現況, pp.4-8, 2000.3.
5) (財)琵琶湖・淀川水質保全機構:BYQ水環境レポート, p.108, 2000.3.
6) 前掲2), p.109.
7) 前掲2), p.110.
8) 前掲2), pp.230-231.
9) 水資源公団琵琶湖総合管理所：琵琶湖の観測施設, 1993.12.
10) 前掲2), pp.214, 216.
11) 前掲2), p.59.
12) 関係6省庁：琵琶湖の総合的な保全のための計画調査報告書, 1999.3.
13) 国土庁大都市圏整備局：琵琶湖総合保全推進に関する調査報告書(概要版), 1999.
14) ICPR : The Rhine-an Ecological Revival, p.38, 1994.
15) (財)琵琶湖・淀川水質保全機構：カナダ・アメリカ水質浄化対策, pp.108, 111, 1998.1.
16) (財)ダム水源地環境整備センター：R/Sによる水質モニタリング支援ガイドライン(案), 1998.3.
17) 滋賀県琵琶湖研究所：滋賀県琵琶湖研究所要覧, 平成12年度版, p.10, 2000.
18) 大阪府水道部：原水水質連続監視装置 ゆうきセンサー, 1997.3.
19) 丹保憲仁・亀井翼：水処理における処理性評価マトリックス, 水道協会雑誌, 第708号, pp.28-40, 1993.9.
20) 笠原伸介・石川宗孝・中西弘：淀川表流水中に含有する生物易分解性有機物の改質特性—分子量分布に基づく二, 三の考察—, 土木学会第54回年次学術講演会講演概集(第7部), pp.30-31, 1999.9.
21) Nieminski, Eva C. and Jerry E. Ongerth : Removing *Giardia* and *Cryptosporidium* by conventional treatment and direct filtration, *J. of AWWA*, pp.96-106, 1995.9.
22) Ongerth, Jerry E. and Julie Proctor Pecoraro : Removing *Cryptosporidium* using multimedia filters, *J. of AWWA*, pp.83-89, 1995.12.
23) Jacangelo, Joseph G., SAmer S. Adham, and Jean-Michel Laine : Mechanism of *Cryptosporidium, Giardia*, and MS2 virus removal by MF and UF, *J. of AWWA*, pp.107-121, 1995.9.
24) 木村克輝・渡辺義公・大熊那夫紀：回転平膜に付着した生物膜による低濃度アンモニア性窒素の硝化特性, 土木学会論文集, No.552/Ⅶ-1, pp.43-52, 1996.11.
25) 本橋敬之介：水処理技術, Vol.30, No.5, pp.5-14, 1989.
26) 吉野善彌：用水と廃水, Vol.28, No.8, pp.36-54, 1986.
27) 稲森悠平他：公害と対策, Vol.23, No.9, pp.26-34, 1987.
28) 笹野昭他：水処理技術, Vol.29, No.12, pp.27-31, 1988.
29) 岩井重久他：環境技術, Vol.17, No.12, pp.36-39, 1988.
30) 永松啓至他：用水と廃水, Vol.26, No.5, pp.42-49, 1984.
31) 稲森悠平他：環境技術, Vol.18, No.9, pp.78-81, 1989.
32) 竺文彦他：環境技術, Vol.11, No.4, pp.57-62, 1982.
33) 石川宗孝他：池の浄化システムの開発に関する研究, 文部省科学研究費報告集(総合A代表中西弘), 1985.
34) 松浦茂樹・島谷幸宏：水辺空間の魅力と創造, pp.5-9, 鹿島出版会, 1993.
35) 藤原宣夫：都市に水辺をつくる, 技術書院, 1999.7.

36) 新井正・新藤静雄・市川新・吉越昭久：都市の水文環境，共立出版，1988.4.
37) (社)雨水貯留浸透技術協会：コミュニティポンド計画・設計の手引き，山海堂，1998.11.
38) 建設省都市局下水道部：日本の下水道，1998.
39) 松尾友矩：のぞましい水循環の創出と下水道の役割，下水道協会誌，No.435, pp.4-7.
40) 建設省高度処理会議：下水処理水の修景・親水利用水質検討マニュアル(案)，1990.
41) 日本下水道協会：下水処理水循環利用技術指針(案)，1981.
42) 建設省都市局下水道部：下水道における内分泌攪乱化学物質に関する調査，2000.
43) 建設省荒川上流工事事務所：パンフレット，自然にやさしい川づくり 荒川ビオトープ．
44) 埼玉県自然学習センター：パンフレット．
45) 埼玉県自然学習センター：春のイベント案内，自然観察会のご案内．
46) 埼玉県自然学習センター：北本自然観察公園，植物 昆虫 野鳥 観察ガイド(春)，バードウォッチング・ガイド．
47) 工業技術会：ビオトープの計画と設計－生物生息環境創造－，1997．
48) ホームページ：
   ・OBPビオトープ「ほたるの里」　http://panacre8.mid.co.jp/biotope/
   ・小金ビオトープ(松戸みどりのネットワーク)
      http://village.infoweb.ne.jp/~satoyama/biotope/biotope.htm
   ・荒川ビオトープ　http://www.arajo.kt.moc.go.jp/nature_sc/biotope/
   ・名古屋環状2号線名古屋西ジャンクションビオトープ
      http://www.cb.moc.go.jp/road/f/b/4a.html
   ・焼津市立港小学校ビオトープのご紹介
      http://www.sunloft.co.jp/company/greensv/gsminato
   ・学校環境におけるビオトープ作り(軽井沢東部小学校)
      http://www.avis.ne.jp/~tshio/gakko.html
   ・ビオトープフォーラム(豊川市立桜木小学校)
      http://www01.u-page.so-net.ne.jp/sa2/bz103743/sanal/sanal.html
   ・京都ビオトープ研究会－いのちの森モニタリンググループ
      http://rosa.envi.osakafu-u.ac.jp/biotope/
49) 赤井一昭：水域の浄化システム，第11回建設技術発表会論文集，pp.76-79，1984.
50) 辻博和・石垣衞・小林真・喜田大三・宮岡修二・藤井慎吾：石積み浄化堤による海水浄化工法の開発－実海域の浄化堤実証施設における水質浄化特性－，ヘドロ，No.61, pp.47-52, 1994.
51) 大塚耕司・中谷直樹・宮地誠之・藤原峰生・中西敬・吉村直孝・沢田守：りんくう公園人工環礁の水質浄化機能に関する研究(第3報)－内海モデルを用いた数値シミュレーション－，関西造船協会誌，第237号，pp.135-144，1999.

おわりに

　以上，20世紀末の水環境の潮流と動向を概観したうえで，「水をはぐくむ」という視点から21世紀の水環境のあり方について，その考え方と政策的および技術的な新しい展開を試みた．

　本書の企画は，菅原教授を中心とする「都市の水環境研究会」においてなされたものであるが，この研究会は，平成7年10月に発足し，ほぼ2ヶ月に1度のペースで15人ほどのメンバーが会合を持ち，互いに研究成果を持ち寄るとともに共通の課題について新たな情報収集を行いながら平成10年頃から出版の構想を練ってきた．

　水環境問題は，その対象が広く，変化も著しいことから，そのすべてを取り扱うことには限界がある．しかし，今後変化が求められる課題については，できるだけ広い視点から20世紀の動向の解析から21世紀への提言を試みた．

　今回の研究過程で共通の認識に至ったのは，20世紀の中頃から実施されてきた水環境の利用や保全の対策における一定の成果と限界がこの世紀末に明らかになり，転換期にあるということである．このため，これまでの対策に加え，新たな展開が必要であるとの認識のもと，21世紀の水環境のあり方についてさまざまな提案を行った．

　そして，著者らの21世紀への一致した願いは，"美しい水環境の保全と創出"にあり，水そのものを「はぐくむ」という視点に立ってわれわれは今後ともその具体化に向けて努力していくつもりである．

　最後に，今回の提言は，それぞれの筆者の感性を尊重したが故に，新しい表現や内容が述べられているが，その点に対する批判は甘受するつもりであり，読者諸氏の忌憚ないご意見，ご批判をいただければ幸いである．

2000年11月

大槻　均
澤井健二

索引

あ
ISO 14001 …………………… 100
ISO 14000 シリーズ …………… 100
ISO 9000 ファミリー …………… 98
アイスブレーキング …………… 176
IT 革命 ………………………… 105
荒川ビオトープ ………………… 166
RO 膜 …………………………… 163

い
池, 市街地内の ……………… 50, 64
石積み堤 ……………………… 178
易生物分解性の有機物 ……… 117
一過型システム, 上下水道における … 133
インターネット ………………… 69, 122
インタープリター ……………… 175

う
雨水 ……………………………… 25
雨水浸透施設 ………………… 143
雨水排除における貯留・浸透方式 … 160
雨水流出抑制策 ……………… 143
雨水利用システム ……………… 160

え
栄養塩類の溶出 ……………… 134
AO 法 …………………………… 161
エコトーン ……………………… 63, 174
エコファンド …………………… 177
エコロジカルポンド …………… 141
越流水対策, 初期降雨時の …… 154
NGO ……………………………… 66
NPO ……………………………… 66, 71
エネルギー効率性 ……………… 43, 46
LCA ……………………………… 104

――, 水の …………………… 43

お
オンラインデータ ……………… 122

か
外因性内分泌撹乱化学物質 … 30, 113, 163
海水淡水化 ……………………… 14
回転平膜法 ……………………… 130
ガスクロマトグラフ ……………… 121
カスケード型下水道 …………… 156
河川を中心とした水の系 ……… 78
学校ビオトープ ………………… 168, 169
河畔林 …………………………… 20
環境アセスメント ……………… 104
環境監査 ……………………… 103
環境管理 ……………………… 45, 96, 97
環境管理手法 ………………… 102
環境基準 ……………………… 114
環境基本法 …………………… 114
環境教育プログラム …………… 175
環境行動計画 ………………… 103
環境制御 ………………………… 45
環境側面 ……………………… 101
環境文化 ………………………… 91
環境ホルモン …………………… 30, 113, 163
環境マネジメントシステム …… 100
環境用水 ………………………… 78
環境容量 ……………………… 156
乾床式調整池 ………………… 146
感潮域 ………………………… 177
管理 …………………………… 97
管理社会 ……………………… 97

き

- 危機管理…………………………………98
- 危機管理システム…………………………99
- 北本自然観察公園………………………171
- 競合吸着…………………………………127
- 凝集剤添加活性汚泥法…………………161
- 凝集添加ステップ流入式硝化脱窒方式……161
- 行政改革……………………………………68
- 行政と住民の連携…………………………69
- 近自然型川づくり…………………………69

く

- グラウンドワーク…………………………69
- グリーン化………………………………39, 47
- グリーン基金……………………………177
- グリーン技術………………………………49
- クリーンプロセス化………………………47

け

- 継続的改善，ISO規格の主旨の………100
- KJ法………………………………………176
- 下水汚泥の緑農地利用…………………157
- 下水処理…………………………………125
- 下水処理水…………………………………25
-   ――の再利用システム……………158
- 下水道………………………………………17
- 下水道雨水調整池………………………141
- 下水道ストック…………………………154
- 下水道バイパス…………………………156
- 下水道法……………………………114, 155
- 嫌気好気法………………………………161
- 健全性，水の量的課題の…………………42
- 原体験，水環境や自然環境における……72
- 原虫，耐塩素抵抗性の強い……………125

こ

- 公開討論会………………………………176
- 広義の水循環……………………………155
- 公共事業……………………………………71
- 工業用水道…………………………………15
- 合意形成…………………………………176
- 耕地面積，日本の…………………………11
- 高度浄水処理………………………………23
- 高度浄水処理システム…………………125
- 高度処理技術……………………………154
- 小金ビオトープ通信……………………170
- 国際標準化…………………………………98
- 国際ライン汚染防止委員会……………118
- 湖沼（湖沼水質保全計画特別措置法に基づく）……………………………………26
- コミュニティ広場………………………146
- コミュニティポンド……………………141
- 固有種，琵琶湖に生息する………………62

さ

- 再資源化…………………………………105
- 財政改革……………………………………70
- 再利用システム，下水処理水の………158
- 雑用水利用……………………………15, 25
- 酸化池……………………………………162

し

- COD…………………………………117, 164
- 紫外線殺菌処理…………………………160
- 市街地内の池，沼，緑地，湿地帯………50
- 資源化…………………………………3, 112
- 資源効率性……………………………43, 46
- システム規格………………………………98
- 自然観察会………………………………172
- 自然観察広場……………………………146
- 自然共生センター…………………………31
- 自然指導者………………………………175
- 自然生態系地域……………………………76
- 自然生態系地域主義………………………77
- 自然保護地………………………………146
- 自然緑地…………………………………146
- 持続可能な発展……………………………40
- 湿地式調整池……………………………146
- 湿地帯，市街地内の………………………50
- 質的制御，水の…………………………105

質的水問題	43
質と量の使い分け，水供給における	133
自動観測，水質の	115
自動観測装置，琵琶湖の	115
し尿処理	17
地盤沈下	12
市民団体	72
社会システム	39
──，21世紀の	40
修景池	141
修景緑地	146
住民参加	66
住民と行政の連携	69
循環型システム，上下水道における	133
循環型社会	40
循環型社会形成	104
循環利用	43
遵法，ISO 規格の主旨の	100
生涯教育	72
浄化機能	45
浄化槽	17, 67
浄水処理	125
消雪用水	16
情報公開	68
初期降雨時の越流水対策	154
植生浄化	147
食物連鎖	44
人工的水循環による浄化	137
浸水安全度	143
親水空間	6
親水広場	146
浸透方式，雨水排除における	160
森林地域における保水機能	79

す

水質汚濁防止法	114
水質汚濁メカニズム	117
水質改善効果	32
水質観測	118
水質の自動観測	115
水質モニター	118
水道	15
水道施設の能力，日本の	23
水道法	114
砂ろ過	163

せ

清掃	68
成長モデル	80
生物生息地	60
生物多様性	44
生物多様性国家戦略	35
生物遅分解性有機物	126
生物膜法による水処理	136
生命地域	76
生命地域主義	76
堰	13
是正措置，管理技術における	104
接触酸化	178
節水	67
ゼロエミッションアプローチ，水の	47
潜水ロボット	121

そ

測定項目，琵琶湖・淀川の	115
ソフトエネルギー	56

た

耐塩素抵抗性の強い原虫	125
滞留時間	180
多自然	95
多自然居住地域	89
ダム	12
ため池依存率，農業用水の	144
ため池等整備事業	145
多面的機能，農山村の	86
Darcy 則	180
湛水式調整池	146
担体投入凝集添加硝化脱室方式	161

索引

ち
- 地域環境マネジメントシステム……46, 102
- 地域交流……69
- 地域用水……79
- 池水の回転率……151
- 池水の直接浄化……151
- ちびっこ広場……146
- 地方分権……71
- 超高度処理……27
- 調整池の方式……146
- 貯留方式,雨水排除における……160

て
- 低減係数……189
- TC207……100
- ディスポーザー……67, 158

と
- 特定点源……110
- 都市機能の環……83
- 都市機能のリンク……83
- 土壌浄化法……113

な
- 難生物分解性の有機物……117

に
- 21世紀技術……38
- 21世紀の社会システム……40

ぬ
- 沼,市街地内の……50

ね
- ネイチャーゲーム……175
- ネットワーク……69, 72
- 燃料化……111

の
- 野あそび教室……173
- 農業集落排水処理……17
- 農業水利施設……15
- 農業地域における遊水機能……79
- 農業用水……11, 15
  - ――のため池依存率……144
  - ――の他用途への転用……25
- 農山村の多面的機能……86
- 飲む水,名水の分類における……89
- ノンポイントソース……151

は
- バイオリージョナリズム……76
- バイオリージョン……76
- ハイブリッド水処理技術……129, 162
- 発生源規制……163
- 発電用水……16
- 破堤……145
- パートナーシップ……69, 71, 152

ひ
- PRTR推進法……106
- PFI……66, 71
- BOD……117
- ビオトープ……63, 141
- 光ファイバー……155
- BCSD……100
- 非特定面源……110
- 標準活性汚泥法……160
- 微量汚染物質……125, 127
- 琵琶湖疏水……13
- 琵琶湖に生息する固有種……62
- 琵琶湖の類型指定地点・測定項目……115
- 琵琶湖への流入負荷……117
- 琵琶湖・淀川水質浄化共同実験センター……31

ふ
- ファクター4……46
- ファーストフラッシュ……151
- 富栄養化……151, 154
- 不可逆的な抵抗,膜分離における……132

物質収支 …………………………………118	水の系，河川を中心とした………………78
物質循環モデル，マクロ的およびミクロ的…80	水の質的制御 ……………………………105
ふるい分け作用 …………………………127	水のゼロエミッションアプローチ………47
触れる水，名水の分類における…………89	水のライフサイクルアセスメント（LCA）43
	水の量的制御 ……………………………105
ほ	水問題，質的な……………………………43
防災調節池 ………………………………141	水問題，量的な……………………………42
保水機能，森林地域における……………79	水問題における3つの健全性……………42
保全における規範…………………………65	ミティゲーション ………………………104
ホームページ………………………………69	見る水，名水の分類における……………89
ボランティア………………………………72	
	め
ま	名所づくり…………………………………89
膜処理技術 ………………………………160	名水づくり…………………………………89
膜分離活性汚泥法 ………………………129	面源負荷……………………………………3
膜分離における不可逆的な抵抗 ………132	面源負荷対策 ……………………………175
膜分離におけるろ過抵抗 ………………131	メンテナンスフリー………………………72
マクロ的物質循環モデル…………………80	
松戸みどりのネットワーク ……………170	**も**
マネジメント………………………………97	モニタリング………………………………68
マネジメントサイクル………………99, 101	
マネジメントシステム…………………97, 99	**ゆ**
マネジメントプログラム ………………104	有機化合物早期検出システム …………119
	ゆうきセンサー …………………………121
み	有機物，易生物分解性・難生物分解性の…117
ミクロ的物質循環モデル…………………80	遊水機能，農業地域における……………79
ミシシッピー川 …………………………119	
水環境改善 ………………………………124	**よ**
水環境観測システム ……………………122	養魚用水……………………………………16
水環境管理 ………………………………102	ヨシ帯………………………………………20
水環境情報 ………………………………122	淀川の類型指定地点・測定項目 ………115
水環境の恵沢………………………………78	
水環境の総合的評価 ……………………123	**ら**
水環境の保全 ……………………………123	ライフサイクルアセスメント …………104
水環境マネジメントシステム …………102	——，水の………………………………43
水供給における質と量の使い分け ……133	ライン川 …………………………………118
水草による富栄養塩類の摂取 …………137	ラグーン …………………………………177
水循環，広義の …………………………155	
水循環システム …………………………133	**り**
水哲学………………………………………40	リスクアセスメント ……………………163

リスク回避 …………………………………98
立地特性評価,利用タイプ別の……………86
リモートセンシング …………………………119
流域汚染監視システム ………………………53
流域経営 ………………………………………77
流域圏 …………………………………………76
流域調節池 …………………………………141
流雪用水 ………………………………………16
流入負荷,琵琶湖への ……………………117
利用タイプ別の立地特性評価………………86
量的制御,水の ……………………………105
量的水問題 …………………………………42
量と質の使い分け,水供給における ………133
緑地,市街地内の ………………………50, 64
リン溶出の防止 ……………………………135
リン溶出を防止する効果 …………………135

る
類型指定地点,琵琶湖・淀川の ……………115

れ
礫間浄化 ……………………………………177
礫間接触水路 ………………………………162
連携,行政と住民の…………………………69
レンジャー …………………………………175

ろ
ろ過抵抗,膜分離における …………………131

わ
ワークショップ ………………………………176

水をはぐくむ
── 21世紀の水環境 ──

2000年11月28日　1版1刷発行　　　　　定価はカバーに表示してあります

　　　　　　　　　　　　　　　　　　　ISBN 4-7655-3174-0 C3051

	大　槻　　　　均
編著者	澤　井　健　二
	菅　原　正　孝
発行者	長　　　祥　隆
発行所	技報堂出版株式会社

〒102-0075 東京都千代田区三番町 8-7
　　　　　　　　（第25興和ビル）

日本書籍出版協会会員
自然科学書協会会員
工 学 書 協 会 会 員
土木・建築書協会会員

電話　営業　(03)(5215)3165
　　　編集　(03)(5215)3161
FAX　　　　(03)(5215)3233
振替口座　　00140-4-10

Printed in Japan

© Hitoshi Ootsuki, Kenji Sawai and Masataka Sugawara, 2000

装幀　海保 透　　印刷　東京印刷センター　　製本　鈴木製本
落丁・乱丁はお取替えいたします．

Ⓡ 〈日本複写権センター委託出版物・特別扱い〉

本書の無断複写は，著作権法上での例外を除き，禁じられています．
本書は，日本複写権センターへの特別委託出版物です．本書を複写される場合は，その
つど日本複写権センター（03-3401-2382）を通して当社の許諾を得てください．

●小社刊行図書のご案内●

持続可能な水環境政策	菅原正孝ほか著	A5・184頁
水辺の環境調査	ダム水源地環境整備センター編	A5・500頁
自然の浄化機構	宗宮功編著	A5・252頁
自然の浄化機構の強化と制御	楠田哲也編著	A5・254頁
水環境と生態系の復元 —河川・湖沼・湿地の保全技術と戦略	浅野孝ほか監訳	A5・620頁
非イオン界面活性剤と水環境 —用途,計測技術,生態影響	日本水環境学会内委員会編著	A5・230頁
都市の水環境の創造	國松孝男・菅原正孝編著	A5・274頁
都市の水環境の新展開	岡太郎・菅原正孝編著	A5・180頁
琵琶湖 —その環境と水質形成	宗宮功編著	A5・270頁
名水を科学する	日本地下水学会編	A5・314頁
続 名水を科学する	日本地下水学会編	A5・266頁
[日本の水環境2] 東北編	日本水環境学会編	A5・260頁
[日本の水環境3] 関東・甲信越編	日本水環境学会編	A5・288頁
[日本の水環境4] 東海・北陸編	日本水環境学会編	A5・260頁
[日本の水環境5] 近畿編	日本水環境学会編	A5・290頁
[日本の水環境6] 中国・四国編	日本水環境学会編	A5・216頁
[日本の水環境7] 九州・沖縄編	日本水環境学会編	A5・242頁

技報堂出版　TEL 編集03(5215)3161 営業03(5215)3165　FAX 03(5215)3233